3학년에는 즐깨감 수학

수와 연산·규칙성과 문제 해결

KB274560

와이즈만 BOOKs

와이즈만 영재교육연구소 지음

즐거움과 깨달음, 감동이 있는 교육 문화를 창조한다는 사명으로 우리나라의 수학, 과학 영재교육을 주도하면서
창의 영재수학과 창의 영재과학 교재 및 프로그램을 개발했습니다. 구성주의 이론에 입각한 교수학습 이론과
창의성 이론 및 선진 교육 이론 연구 등에도 전념하고 있습니다. 국내 최고의 사설 영재교육 기관인 와이즈만 영재교육에
교육 콘텐츠를 제공하고 교사 교육을 담당하고 있습니다. 이 책을 책임 집필하신 분은 김희진 선생님입니다.

처음 시작하는 초등 사고력 수학

3학년에는 즐깨감 수학 : 수와 연산·규칙성과 문제해결

1판 1쇄 발행 2012년 7월 10일 **개정증보판 1판 1쇄 발행** 2026년 1월 31일

글 와이즈만 영재교육연구소 | 그림 김잔디 | 발행처 와이즈만 BOOKs | 발행인 염만숙
출판사업본부장 김현정 | **편집** 김예지 이지웅 이시온
디자인 디자인제이
편집진행 마이퍼스트스파크
마케팅 강윤현 장하라 김희정

출판등록 1998년 7월 23일 제1998-000170
제조국 대한민국 | **사용 연령** 6세 이상
주소 서울특별시 서초구 남부순환로 2219 나노빌딩 5층
전화 마케팅 02-2033-8987 편집 02-2033-8928
팩스 02-3474-1411
전자우편 books@askwhy.co.kr
홈페이지 mindalive.co.kr

새로운 교육 과정은 미래 사회에 대비한 창의력과 인성을 키우는 것을 목표로 하고 있습니다. 따라서 단순 암기해야 하는 내용은 대폭 줄고, 프로젝트 학습이나 토의 토론식 수업 중심이 됩니다. 또한 각 과목 간 융합을 통한 '창의적 융합인재 육성' 이른바 'STEAM'교육이 강조되고 있습니다. 특히 수학은 논리력과 문제 해결 과정 중심으로 개편되고 있습니다. 이제까지의 단순 암기식 학습이 아니라 스스로 개념과 원리를 이해하고 탐구할 수 있는 근본적인 학습 태도와 학습 동기를 변화시키고자 하는 의지를 담고 있는 것입니다.

이러한 새로운 교육 방향이 저희 와이즈만 영재교육에게는 전혀 낯설지 않습니다. 와이즈만에서는 오래전부터 창의적인 인재를 양성하기 위해 구성주의 이론을 적용한 창의사고력 수학을 가르쳐왔기 때문입니다. 이번 '즐깨감 초등 수학 시리즈'에서도 와이즈만 영재교육이 오랫동안 쌓아온 경험과 성과가 잘 녹아 있습니다.

'즐깨감 초등 수학 시리즈'는 생활 속에서 접하는 상황이나 퍼즐, 게임 등과 같이 다양한 소재를 이용해 학생들이 수학에 대한 거부감 없이 쉽게 접근할 수 있도록 했습니다. 학생들은 본 교재를 통해 재미있는 수학을 접하고 원리를 이해하는 습관을 기르면서 수학에 대해 유연하게 사고하는 방법을 익힐 수 있습니다. 무엇보다도 '수와 연산' '도형' '규칙성과 문제해결' '측정·확률과 통계' 같은 다양한 영역에서 집중적으로 실력을 다져 모든 영역에서 수학적 능력을 발휘할 수 있습니다.

와이즈만 영재교육 연구소는 수학을 처음 접하는 아이들이 수학 문제를 푸는 동안 즐거움과 깨달음을 얻고, 감동을 품을 수 있기를 간절히 기원합니다.

와이즈만영재교육연구소 소장
이미경

즐깨감 시리즈

'즐깨감'은 **즐**거움, **깨**달음, **감**동의 줄임 말로, 와이즈만 영재교육의 수학·과학 학습 노하우가 담긴 학습서입니다. 단순한 연산 법칙이나 공식을 암기하기보다 생활 속에서 접하는 상황이나 다양한 소재를 이용해 학생이 수학에 대한 거부감 없이 쉽게 접근하고, 수학 과학에 대한 긍정적인 태도를 갖게 합니다.

어떤 순서로 공부할까?

기본편	4가지 수학 영역의 기초를 다집니다.
영역편	영역별로 나눠 집중적으로 학습합니다.
응용편	학습한 내용을 토대로 여러 가지 퍼즐 문제를 해결합니다.
실력편	난이도가 높은 창의 사고력 문제로 실력을 높입니다.

	기본편	영역편	
5세			
6세		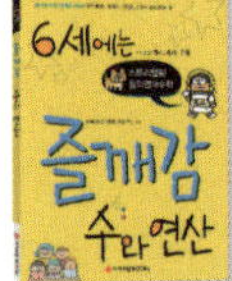	
7세			
1학년			
2학년			
3학년			

	응용편	실력편	입학 준비편	과학창의력

이 책의 구성과 활용

STEP 1

생각이 자라는

수학의 개념과 원리를 익히는 활동입니다. 생활 속 소재나 이야기를 통해 흥미를 불러일으키며, 개념별로 다양한 유형의 문제를 풀면서 기초를 튼튼히 다질 수 있습니다. 난이도 하, 중하 수준의 문제로 구성되었습니다.

STEP 2

응용력이 커지는

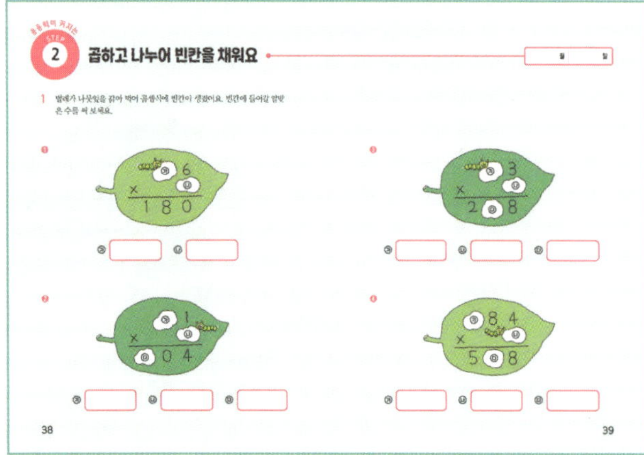

1단계에서 개념을 이해한 다음, 실제로 적용하고 응용해 보는 활동입니다. 기본적인 개념 확인 문제를 비롯해 이해력, 계산력, 논리력, 문제 해결력 등을 기를 수 있는 문제로 구성했습니다. 난이도는 중, 중상 수준이며, 이 단계를 통해 수학적 사고의 폭을 확장할 수 있습니다.

창의력이 샘솟는

일반적인 유형에서 나아가 사고력과 창의력을 기르는 활동입니다. 퍼즐이나 미로 등을 활용한 사고력 문제, 여러 개념을 종합한 융복합 문제 등으로 구성했습니다. 난이도는 중, 중상 수준이며, 이 단계를 통해 수학적 추론 능력과 창의적 문제 해결력을 기를 수 있습니다.

답지를 확인해요

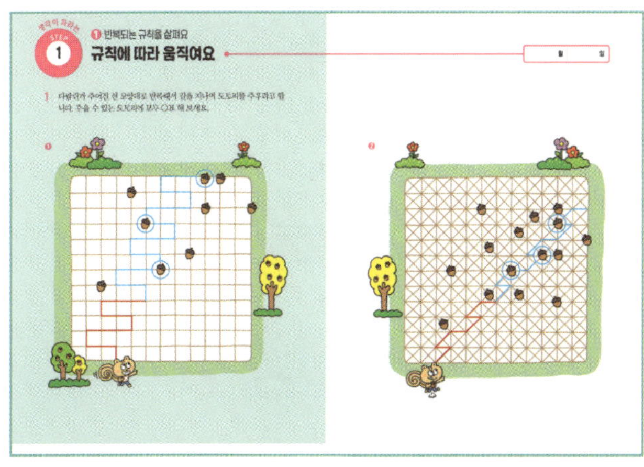

정답을 한눈에 알아볼 수 있도록 본문 위에 파란색으로 답을 표시하였습니다. 창의적인 아이들은 정답 외에도 다양한 답을 떠올립니다. 부모님이 판단하실 때, 아이의 답이 논리적이고 합당하다면 칭찬해 주세요. 또한, 정답이 아니더라도 열심히 노력한 자세나 문제 해결 과정을 격려한다면 수학에 자신감을 얻을 수 있습니다.

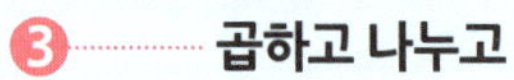

2 규칙성과 친해져요

3 문제 해결력을 높여요

1 연산과
친해져요

1 수를 가지고 놀이해요
2 더하고 빼고
3 곱하고 나누고
4 더하고 빼고 곱하고 나누고
5 분수와 소수를 살펴요

① 수를 가지고 놀이해요
질문을 살피며 더하고 빼요

1. [보기]와 같이 질문을 읽고 'YES'에 맞는 공과 'NO'에 맞는 공을 바구니에 나누어 담으려고 합니다. 빈 공에 알맞은 수를 써 보세요.

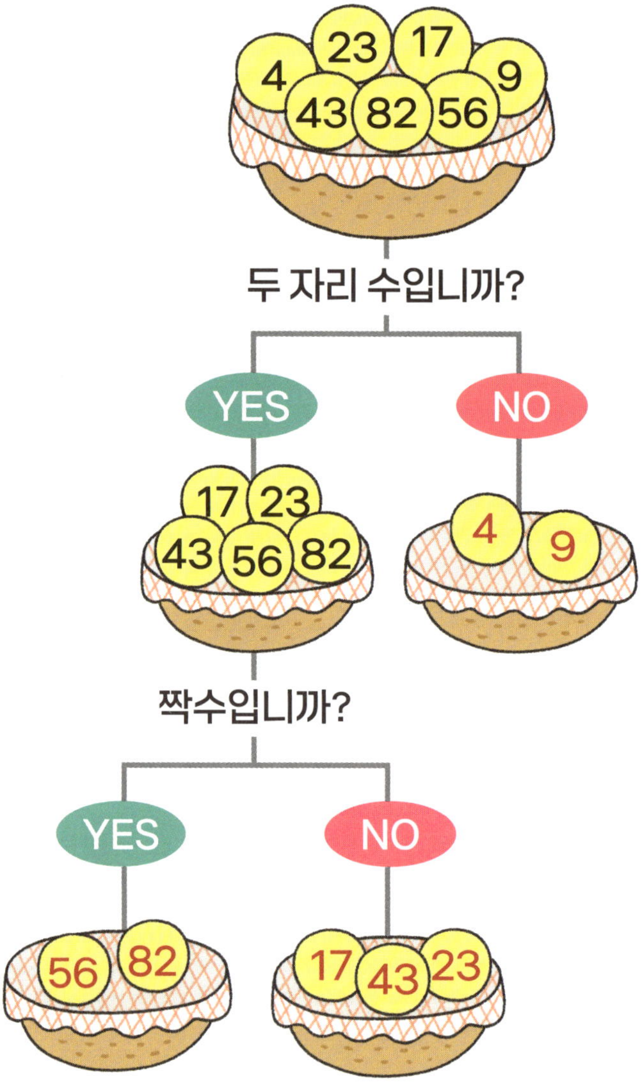

①

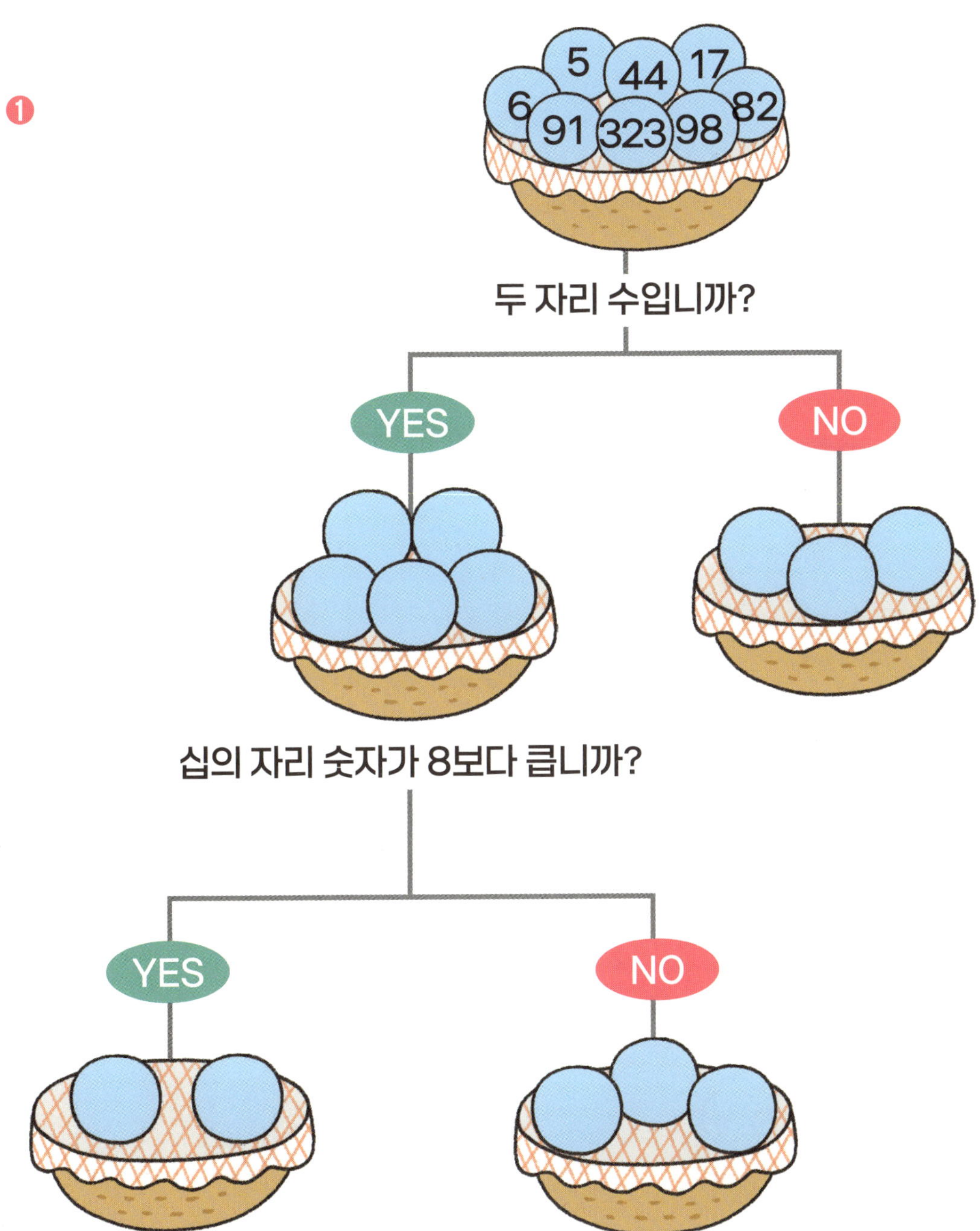

❷

짝수입니까?

YES   NO

각 자리의 숫자의 합이 3으로
나누어떨어집니까?

YES   NO

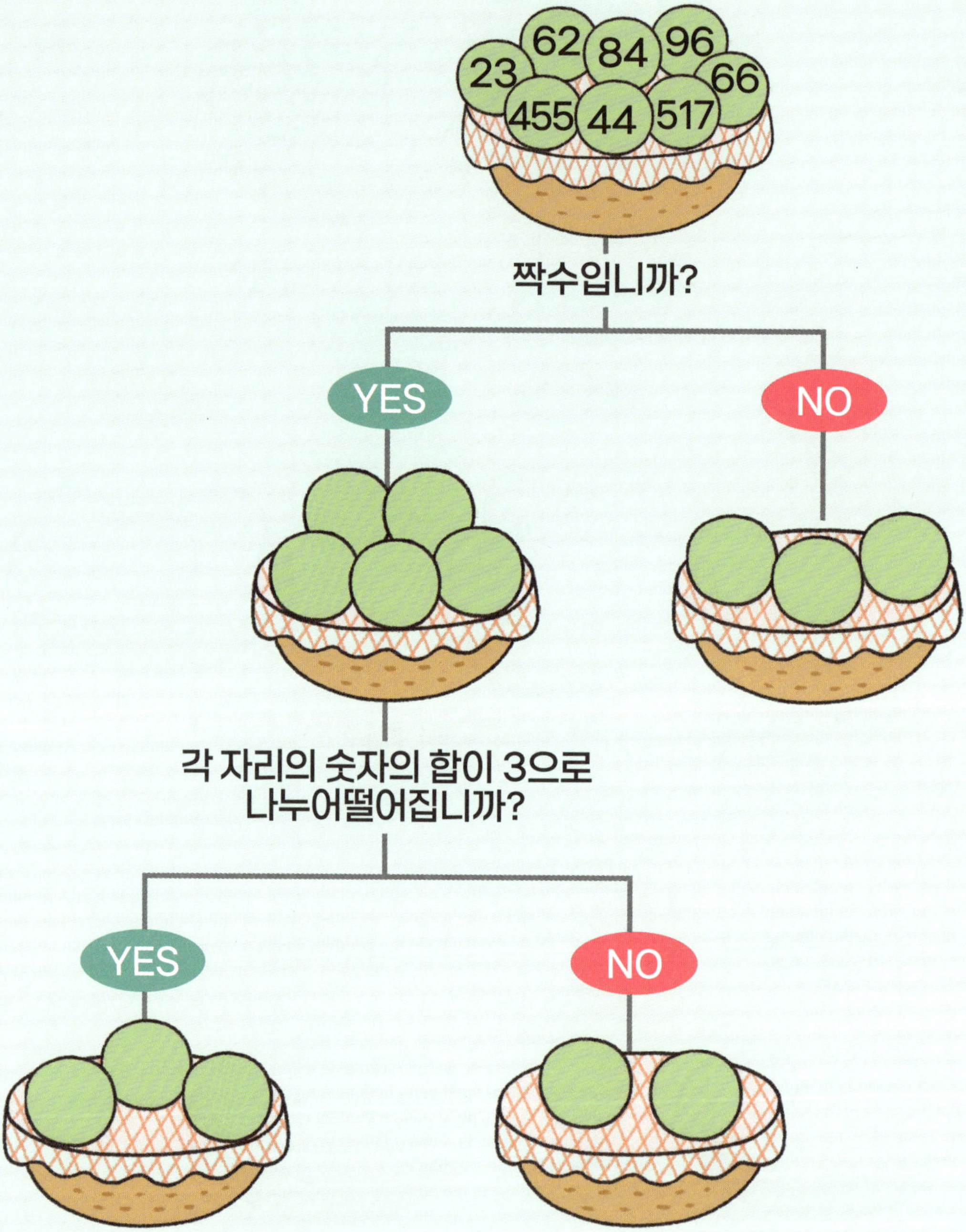

❸

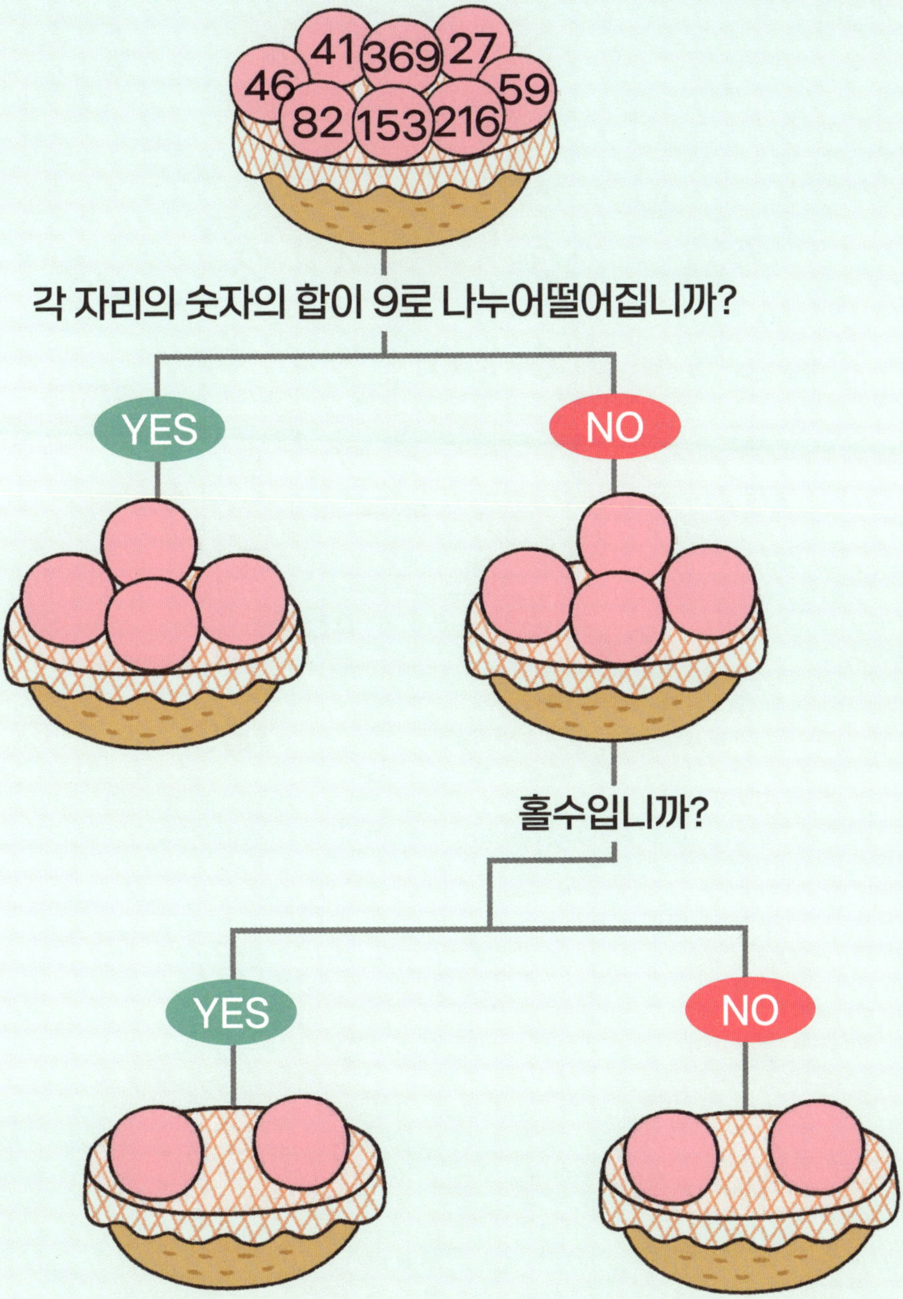

각 자리의 숫자의 합이 9로 나누어떨어집니까?

홀수입니까?

규칙에 따라 셈하고 채워요

1 [보기]와 같이 주어진 수들을 모두 이용하여 흰색 빈칸에 알맞은 숫자를 써 보세요.

보기

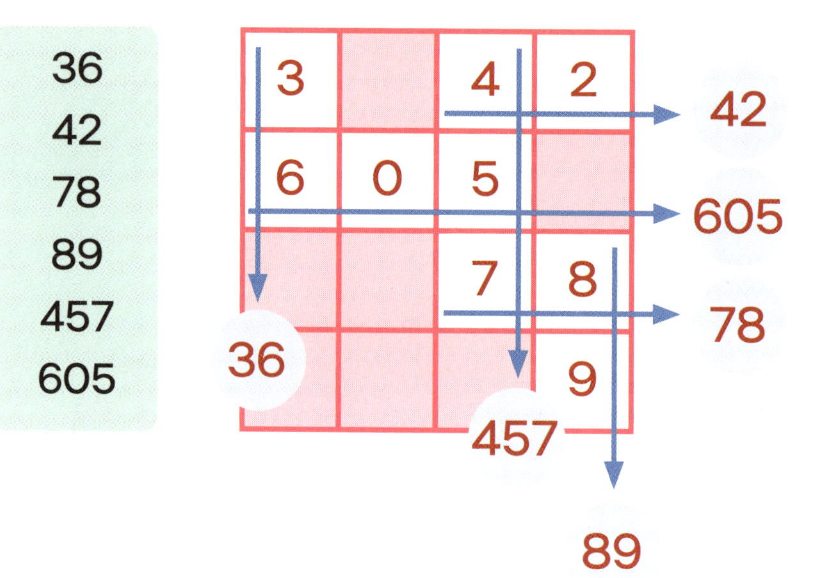

❶

13
53
76
79
356
593

❷

19	24
65	43
84	78
175	389
564	627
882	

	3			
		8		

❸

29	95
64	49
53	82
86	14
237	158
913	674
624	

	6			
			7	

❹

| 24 | 87 | 52 | 456 | 107 |
| 817 | 6832 | 8943 | 4723 | 4578 |

<table>
<tr><td></td><td></td><td></td><td></td><td></td><td></td><td></td></tr>
<tr><td></td><td></td><td></td><td></td><td></td><td></td><td></td></tr>
<tr><td></td><td></td><td></td><td></td><td></td><td></td><td></td></tr>
<tr><td></td><td></td><td></td><td>9</td><td></td><td></td><td></td></tr>
<tr><td></td><td></td><td></td><td></td><td>5</td><td></td><td></td></tr>
<tr><td></td><td></td><td></td><td></td><td></td><td></td><td></td></tr>
<tr><td></td><td></td><td></td><td></td><td></td><td></td><td></td></tr>
</table>

2 설명에 맞는 네 자리 수를 찾아 빈칸에 알맞은 숫자를 써 보세요.

❶

▶ 3, 4, 7, 8로 이루어진 네 자리 수야.

▶ 천의 자리 숫자와 일의 자리 숫자는 짝수야.

▶ 천의 자리 숫자와 백의 자리 숫자의 합은 7이지.

❷

▶ 네 자리 수이고 2, 3, 6, 9로 이루어져 있어.

▶ 일의 자리 숫자는 짝수이고, 십의 자리 숫자는 3이야.

▶ 백의 자리 숫자와 십의 자리 숫자의 합은 9야.

수의 특징을 살피며 셈해요

1 101, 353, 1441과 같이 바로 읽으나 거꾸로 읽으나 같은 수를 대칭수라고 합니다. 물음에 답하세요.

❶ 300부터 360까지의 수 중에서 대칭수를 모두 찾아 보세요.

❷ 세 자리 대칭수 중에서 가장 작은 수와 가장 큰 수를 각각 찾아 보세요.

❸ 각 자리의 수의 합이 10이 되는 세 자리 대칭수를 모두 찾아 보세요.

2 오후 1시는 13시, 오후 2시는 14시로 나타내는 전자시계의 시각을 세 자리 수 또는 네 자리 수로 나타내려고 합니다. 물음에 답하세요.

❶ 오전 4시부터 오전 5시까지의 시각을 [보기]와 같이 나타낼 때 대칭수가 되는 경우는 모두 몇 번인지 구해 보세요.

　　　　　　　　　번

❷ 오후 8시부터 오후 10시까지의 시각을 [보기]와 같이 나타낼 때 대칭수가 되는 경우는 모두 몇 번인지 구해 보세요.

　　　　　　　　　번

② 더하고 빼고

이웃한 수를 더하고 빼요

1 [보기]와 같이 이웃한 두 수를 더하면 바로 위의 수가 되도록 벽돌을 쌓아 올려 덧셈 피라미드를 만들어요. 빈칸에 알맞은 수를 써 보세요.

보기

①

❷

❸

2 저울이 수평을 이루도록 양쪽 접시에 있는 쿠키의 무게가 서로 같아야 해요. [보기]와 같이 빈칸에 알맞은 수를 써 보세요.

(왼쪽 접시) 100+200=300
(오른쪽 접시) 150+150=300

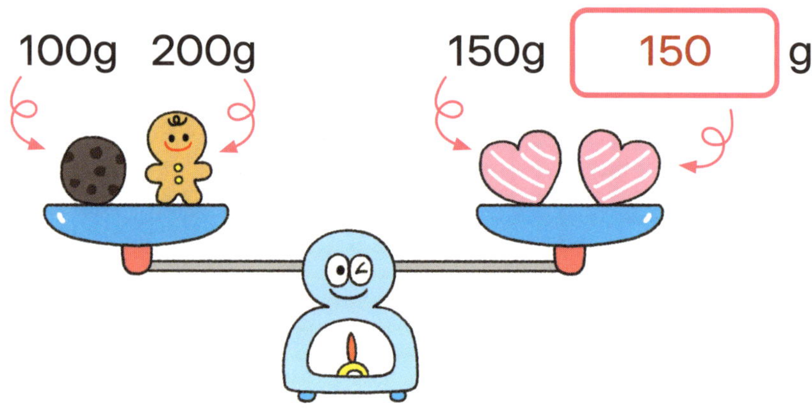

❶

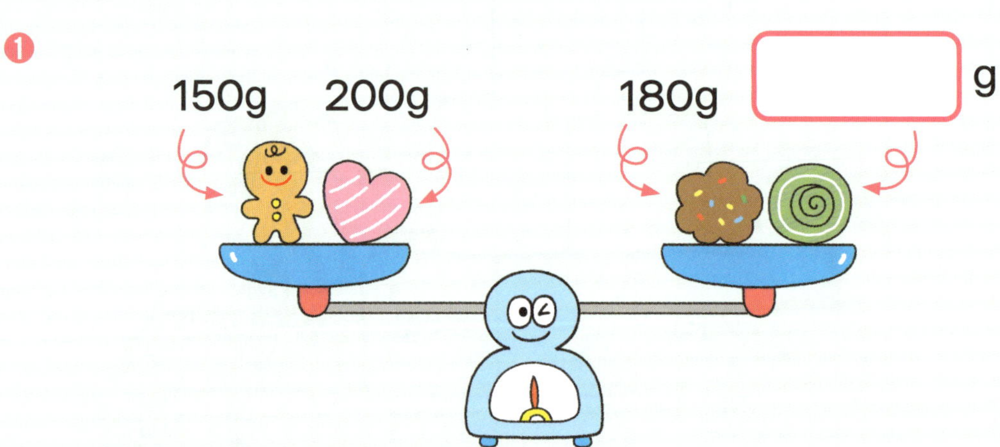

❷

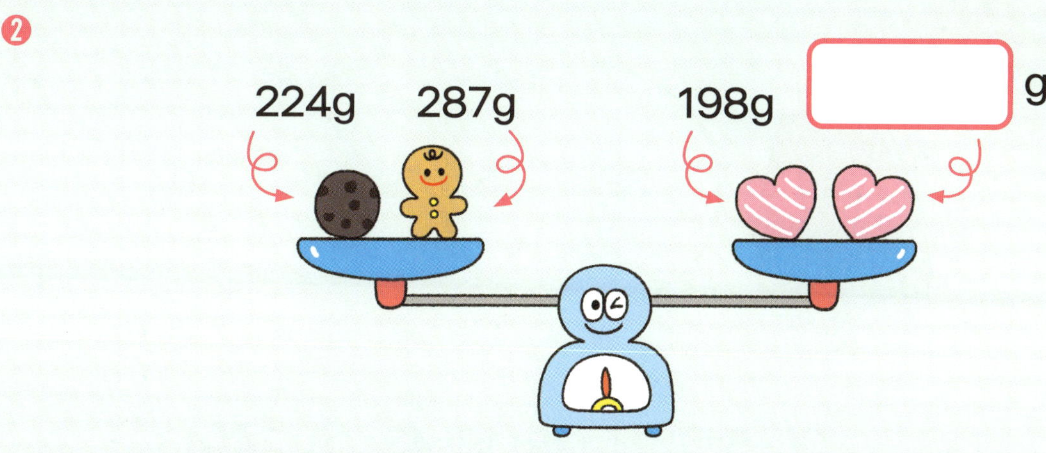

❸

여러 수를 더하고 빼요

1 하나의 원 안에 있는 수들의 합이  안의 수와 같을 때, 빈 곳에 알맞은 수를 써 보세요.

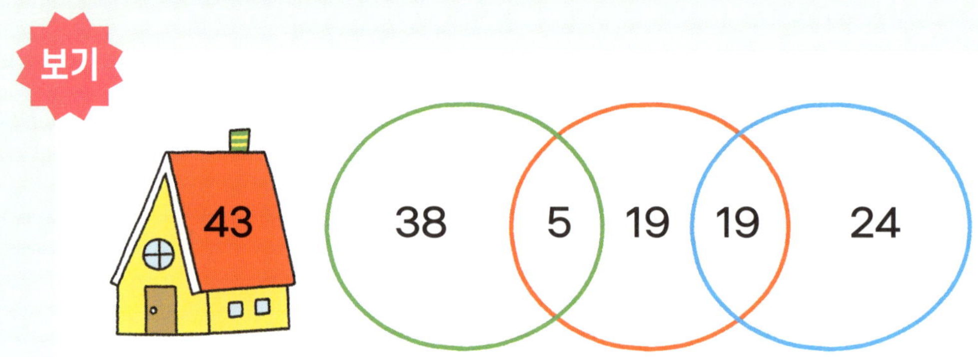

$$38+5=43, \quad 5+19+19=43, \quad 19+24=43$$

❶

2

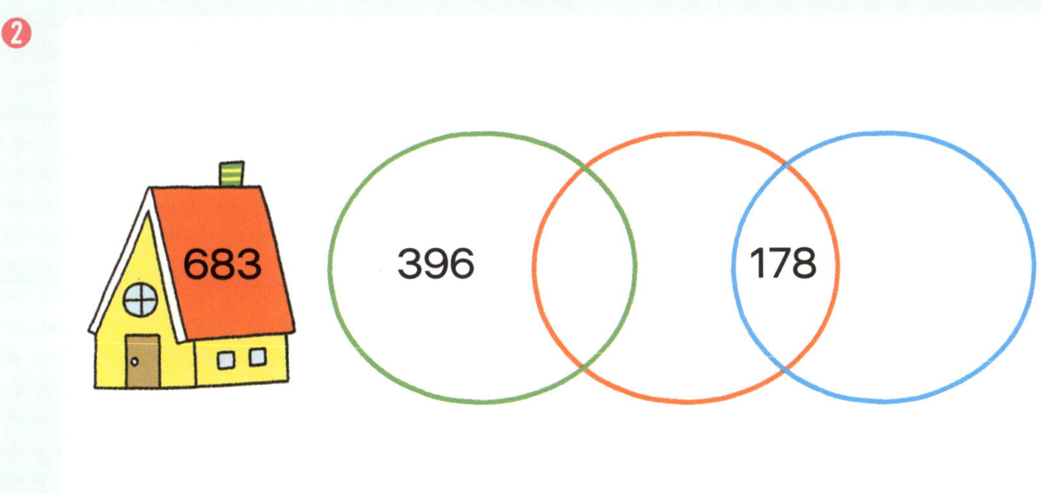

3

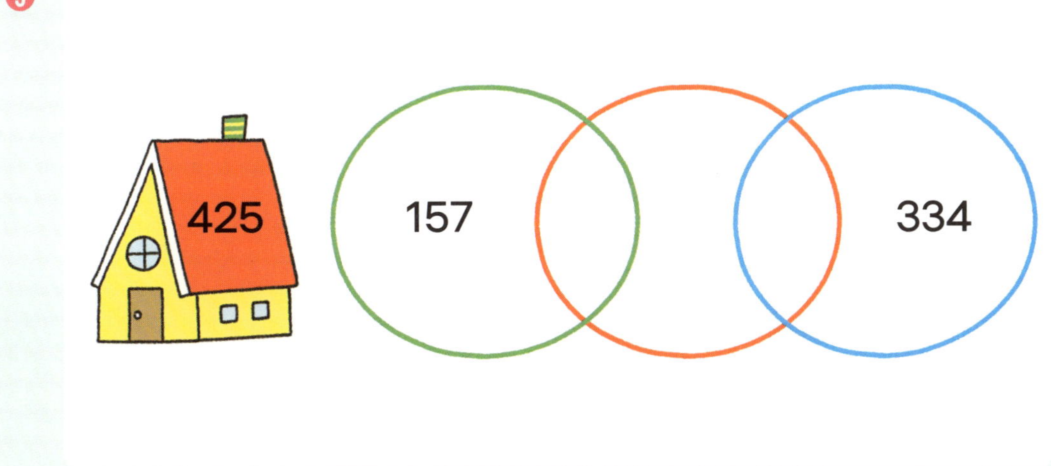

2 5장의 동그라미 카드를 한 번씩 이용하여 ⬠ 안의 수가 되도록 식을 만들려고 합니다. 식을 완성해 보세요.

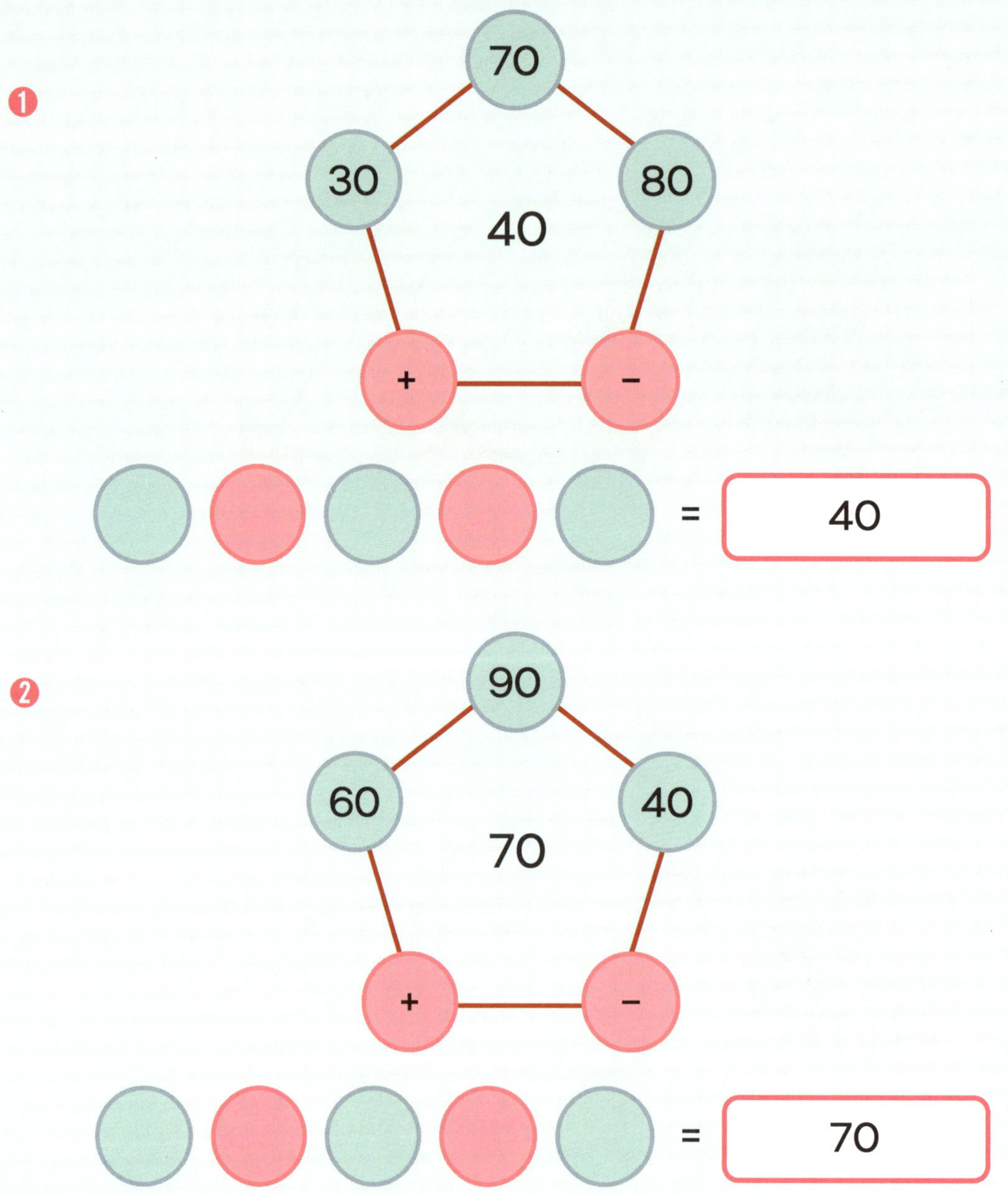

❸

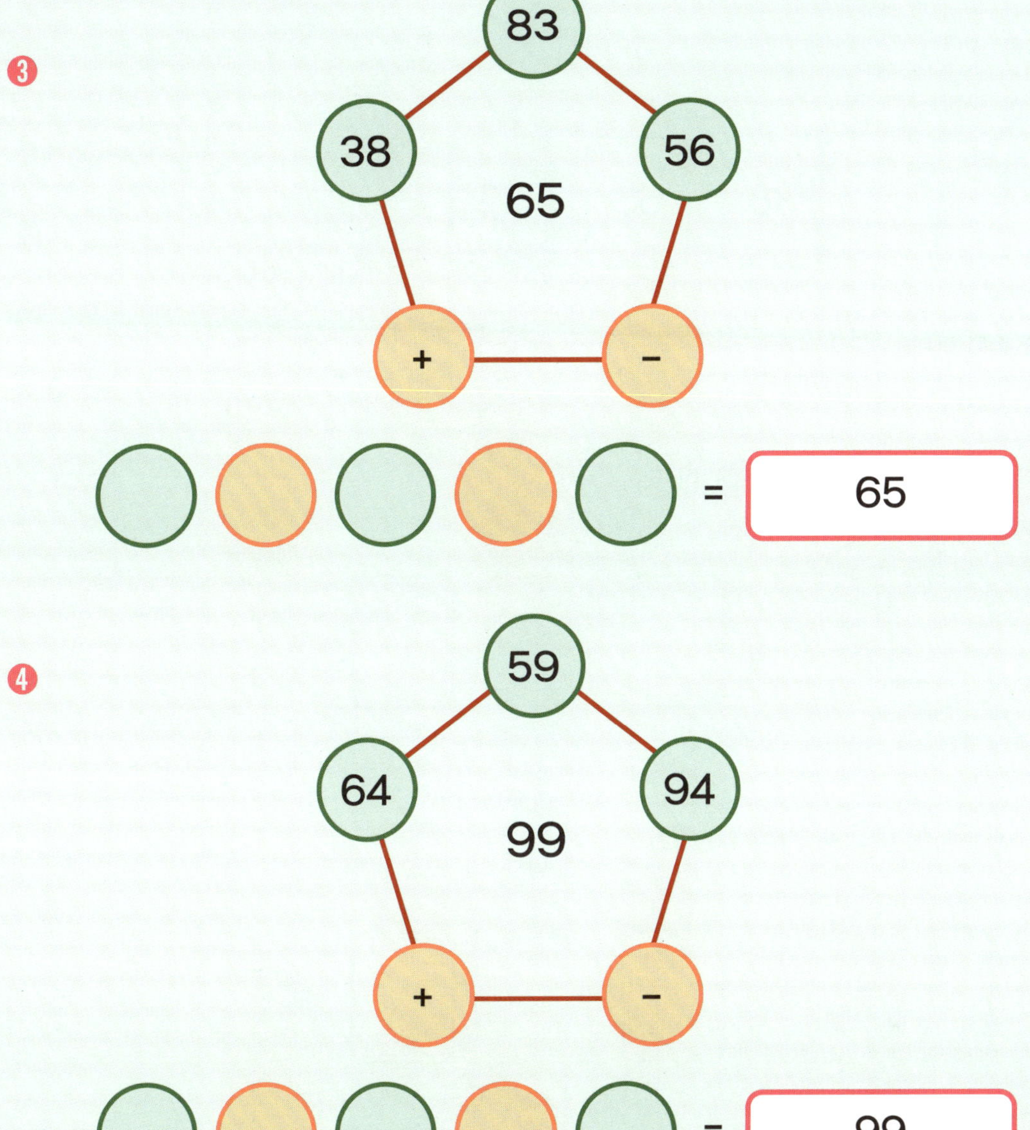

❹

3 5장의 카드를 한 번씩 이용하여 조건에 맞게 식을 만들려고 합니다. 빈칸에 알맞은 수와 연산 기호를 써 보세요.

❶

▶ 계산 결과가 가장 클 때

▶ 계산 결과가 가장 작을 때

❷

▶ 계산 결과가 가장 클 때

=

▶ 계산 결과가 가장 작을 때

=

규칙에 따라 더하고 빼요

1 다음 덧셈식의 빈칸에 알맞은 수를 쓰고 물음에 답하세요.

❶ 덧셈식의 규칙을 찾아 다음 덧셈식의 결과를 예상해 빈칸에 써 보세요. 그리고 실제로 계산해서 예상한 답과 맞는지 확인해 보세요.

$$4444 + 7777 = \boxed{}$$

❷ 규칙을 이용하여 다음 덧셈식의 결과를 빈칸에 써 보세요.

$$4444444 + 7777777 = \boxed{}$$

2 다음 뺄셈식의 빈칸에 알맞은 수를 쓰고 물음에 답하세요.

❶ 뺄셈식의 규칙을 찾아 다음 뺄셈식의 결과를 예상해 빈칸에 써 보세요. 그리고 실제로 계산해서 예상한 답과 맞는지 확인해 보세요.

$$10001 - 1112 = \boxed{}$$

❷ 규칙을 이용하여 다음 뺄셈식의 결과를 빈칸에 써 보세요.

$$10000001 - 1111112 = \boxed{}$$

❸ 곱하고 나누고

곱셈식을 완성해요

1 숫자 카드 3 , 4 , 6 을 한 번씩만 이용하여 만들 수 있는 곱셈식 중 계산 결과가 가장 클 때의 곱셈식과 가장 작을 때의 곱셈식을 찾아 보세요.

계산 결과가 가장 클 때

계산 결과가 가장 작을 때

2 숫자 카드 2, 7, 9 를 한 번씩만 이용하여 만들 수 있는 곱셈식 중 계산 결과가 가장 클 때와 가장 작을 때의 곱셈식을 찾아 보세요.

▶ **계산 결과가 가장 클 때**

▶ **계산 결과가 가장 작을 때**

3 숫자 카드 3, 5, 6, 8 을 한 번씩만 이용하여 만들 수 있는 곱셈식 중 계산 결과가 가장 클 때와 가장 작을 때의 곱셈식을 찾아 보세요.

▶ **계산 결과가 가장 클 때**

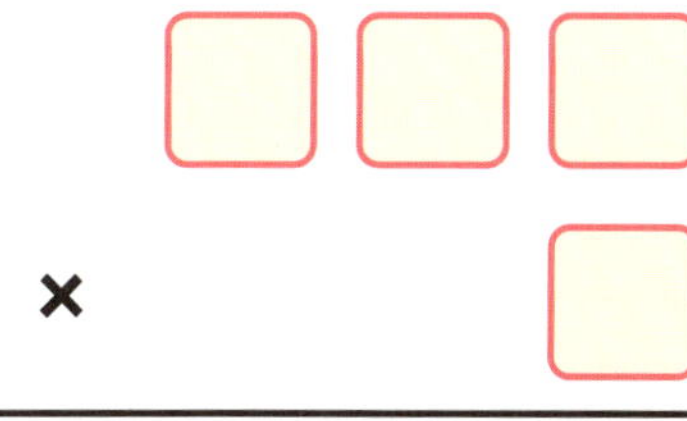

▶ **계산 결과가 가장 작을 때**

4 ☐ 안의 수로 나누어떨어지는 수가 있는 칸을 모두 색칠해 보세요.

❶ 2

19	23	22	16	3
7	38	15	28	39
46	75	41	14	134
27	34	5	56	71
13	65	32	12	9

❷ 5

85	45	15	55	36
35	12	29	52	40
30	10	70	95	28
20	9	47	39	75
65	50	25	5	14

❸

3

13	84	15	26	93	12
36	98	65	57	76	67
72	44	8	41	17	53
51	5	91	85	71	47
28	63	38	55	7	99
62	74	18	29	81	14

❹

7

37	62	11	57	100	28
13	7	140	147	41	83
69	210	84	35	68	9
350	12	55	47	56	91
29	75	14	90	53	70
16	77	280	49	15	45

곱하고 나누어 빈칸을 채워요

1 벌레가 나뭇잎을 갉아 먹어 곱셈식에 빈칸이 생겼어요. 빈칸에 들어갈 알맞은 수를 써 보세요.

❶

가 [　　　]　　나 [　　　]

❷

가 [　　　]　　나 [　　　]　　다 [　　　]

3

㉮ [ ] ㉯ [ ] ㉰ [ ]

4

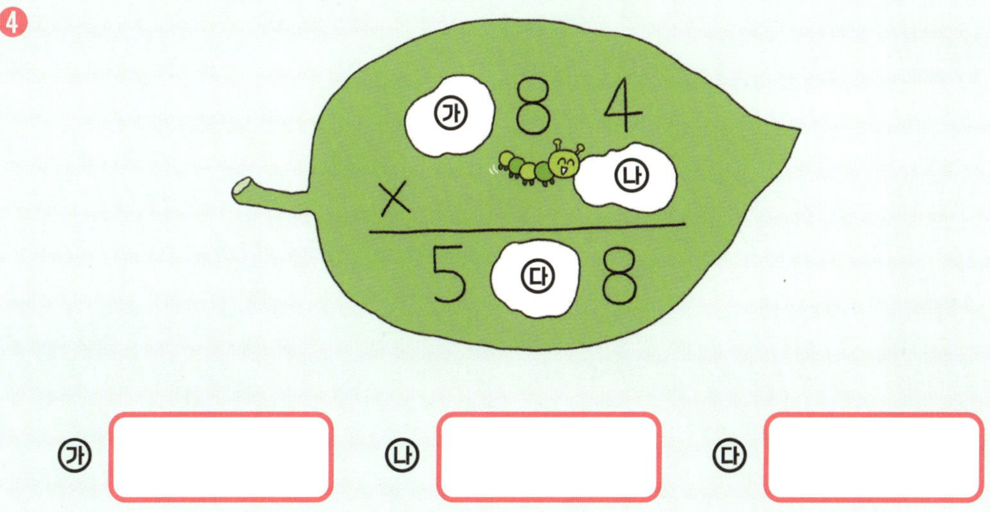

㉮ [ ] ㉯ [ ] ㉰ [ ]

2 [보기]와 같이 주어진 나눗셈을 모두 계산하여 몫과 나머지가 만나는 칸을 찾아 알맞게 색칠해 보세요.

나머지＼몫	1	2	3	4	5	6	7	8	9
0									
1		㉡							
2					㉢				
3								㉠	

$35 \div 4 = 8 \cdots 3$
→ ㉠

$19 \div 9 = 2 \cdots 1$
→ ㉡

$17 \div 3 = 5 \cdots 2$
→ ㉢

①

나머지＼몫	1	2	3	4	5	6	7	8	9
0									
1									
2									
3									
4									
5									
6									

$27 \div 6 = 4 \cdots 3$

$73 \div 9 =$

$46 \div 8 =$

$22 \div 4 =$

$25 \div 7 =$

$67 \div 9 =$

$13 \div 6 =$

$39 \div 6 =$

❷

나머지 \ 몫	1	2	3	4	5	6	7	8	9	10	11	12
0												
1												
2												
3												
4												
5												
6												
7												
8												
9												

$78 \div 8 = 9 \cdots 6$

$24 \div 7 =$

$79 \div 10 =$

$49 \div 6 =$

$59 \div 5 =$

$41 \div 6 =$

$28 \div 10 =$

$84 \div 7 =$

$47 \div 9 =$

$103 \div 8 =$

3 [보기]와 같이 도미노 카드를 이용하여 퍼즐을 해결해 보세요.

보기

▶ 서로 다른 도미노 카드 4장이 제자리에 놓여 있습니다.
▶ 이웃하는 두 수에서 큰 수를 작은 수로 나눈 몫은
  🔴 안의 수와 같습니다.

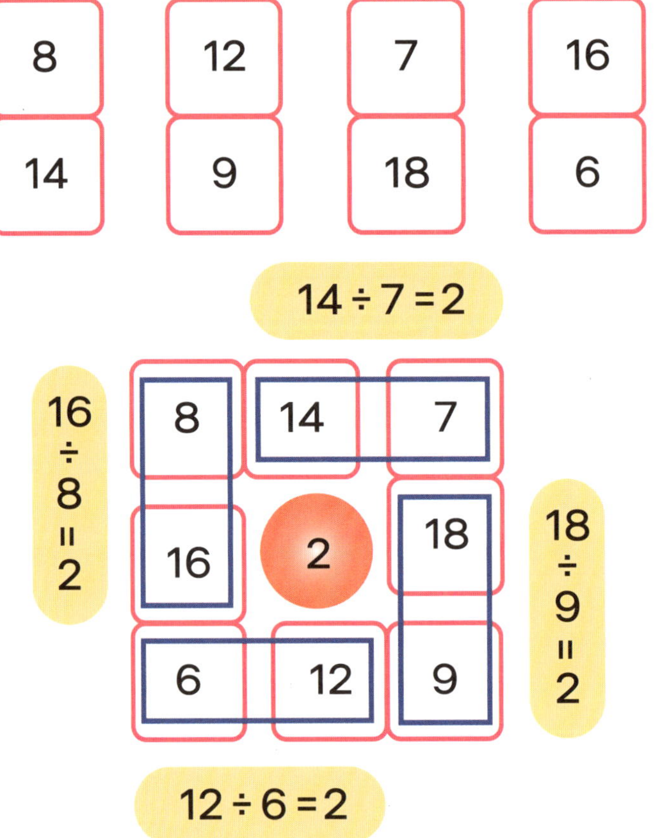

❶

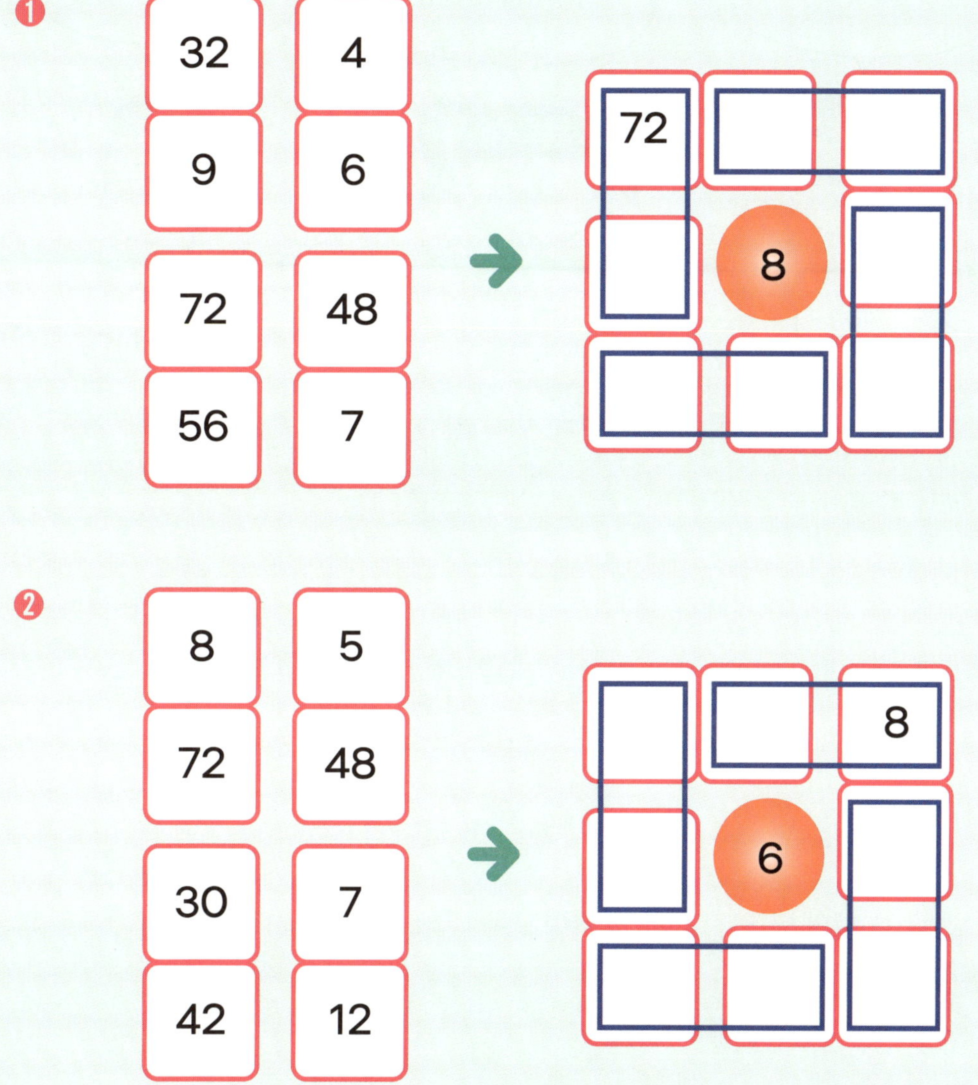

❷

STEP 3 설명에 맞는 수를 구해요

1 카드에 적힌 수를 보고 세 명의 학생이 다음과 같이 말했어요. 물음에 답하세요.

❶ 은우의 말에 따르면 어떤 숫자들이 카드에 적힌 수가 될 수 있나요?

❷ ❶의 숫자 중에서 지원이의 말처럼 나누어떨어지는 수는 무엇인가요?

❸ ❷의 숫자 중에서 서진이의 말처럼 7로 나누었을 때 나머지가 3인 수는 무엇인가요?

2 다음 조건을 모두 만족하는 수를 구해 보세요.

▶ 25×5보다 크고 13×10보다 작은 수입니다.
▶ 짝수입니다.
▶ 9로 나누어떨어지는 수입니다.

▶ 18×4보다 크고 9×9보다 작은 수입니다.
▶ 홀수입니다.
▶ 3으로 나누어떨어지는 수입니다.

❸

▶ 3×□=84에서 □보다 큰 수입니다.
▶ 4×□=132에서 □보다 작은 수입니다.
▶ 5로 나누어떨어지는 수입니다.

④ 더하고 빼고 곱하고 나누고

더하고 빼고 곱하고 나눠요

1 [보기]와 같이 덧셈 뺄셈 하트 퍼즐을 해결해 보세요.

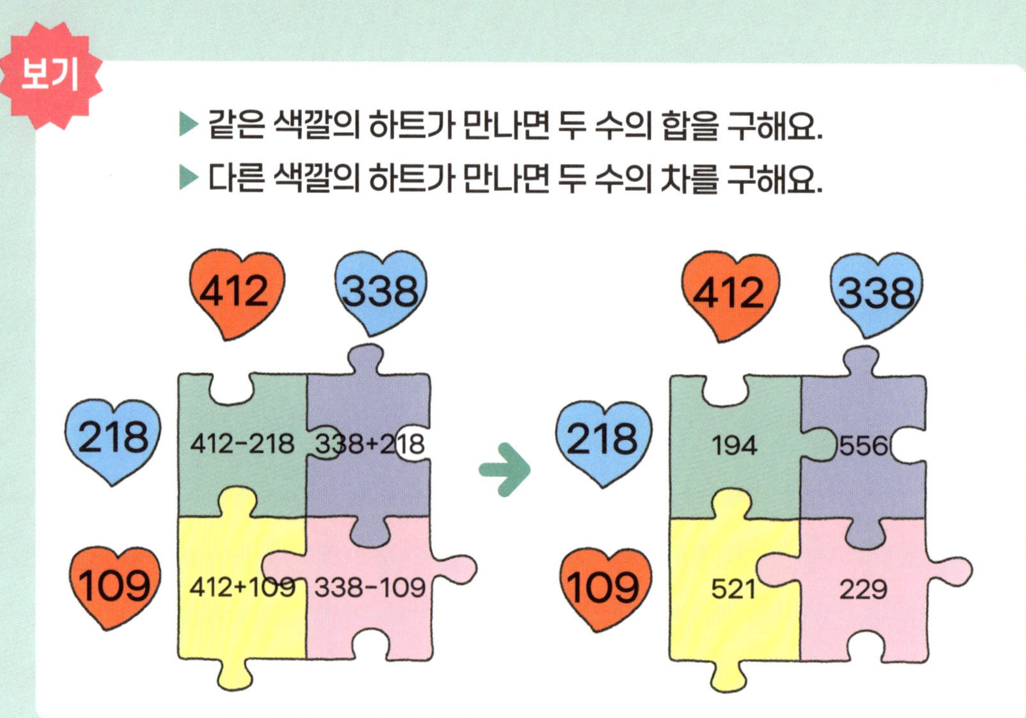

❶

❷

❸

2 [보기]와 같이 곱셈 나눗셈 하트 퍼즐을 해결하려고 합니다. 빈칸에 알맞은 수를 써 보세요.

보기

▶ 같은 색깔의 하트가 만나면 두 수의 곱을 구해요.

▶ 다른 색깔의 하트가 만나면 큰 수를 작은 수로 나눈 몫을 구해요.

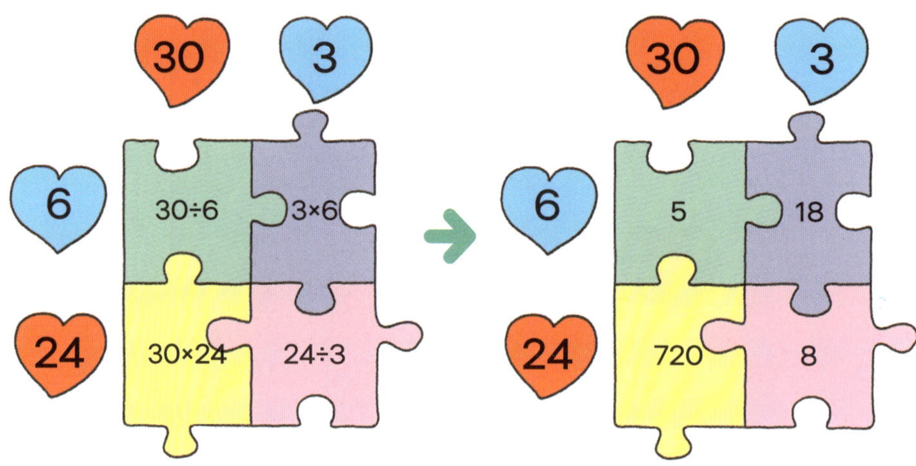

①

❷

❸

규칙에 따라 빈칸을 채워요

1 [보기]에 맞게 연산 사다리 퍼즐을 해결하려고 합니다. 빈칸에 알맞은 수를 써 보세요.

보기

▶ 세로선을 따라 내려오다가 가로선을 만나면 가로선에 달린 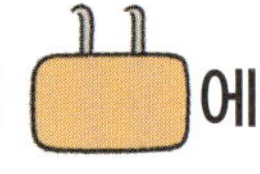에 맞게 연산을 해요.
▶ 규칙에 따라 도착하는 빈 구름 안에 연산 결과를 써넣어요.

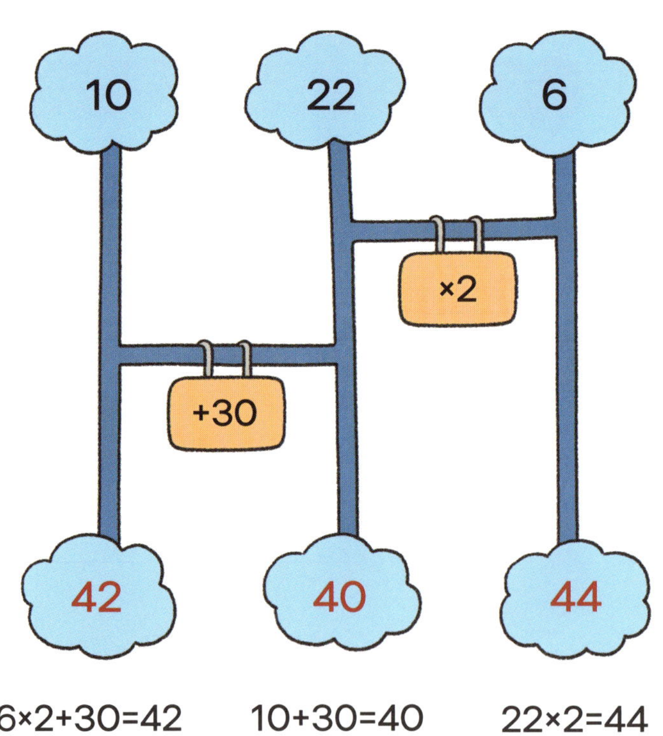

6×2+30=42   10+30=40   22×2=44

①

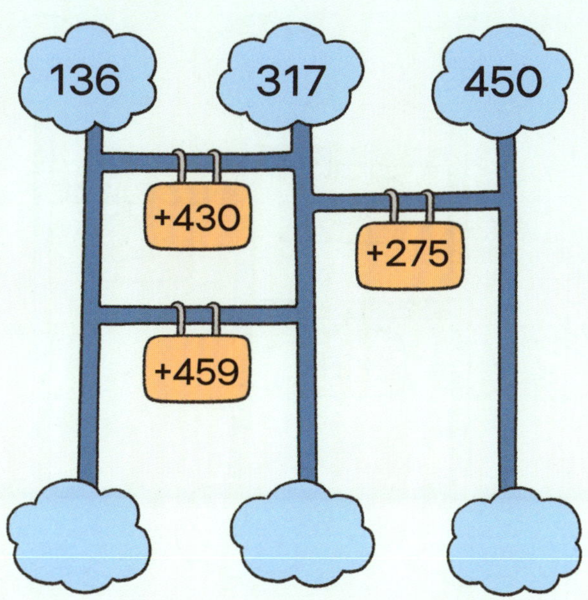

②

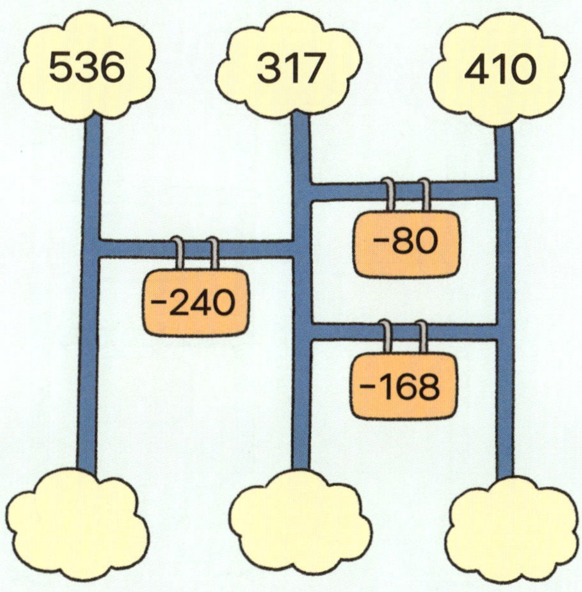

❸

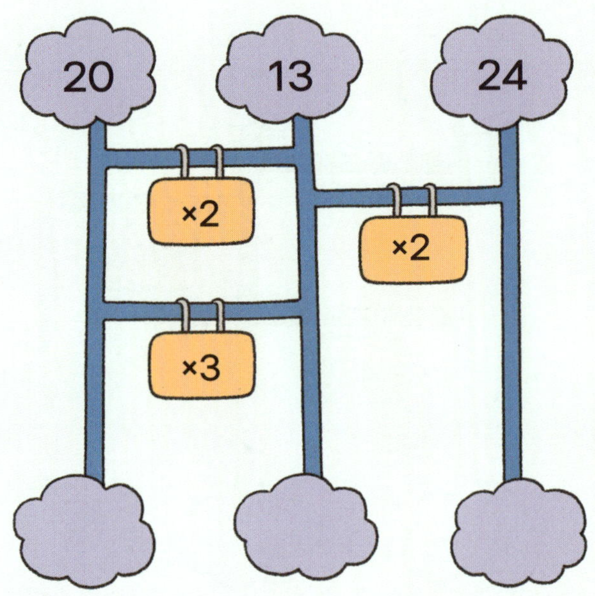

❹

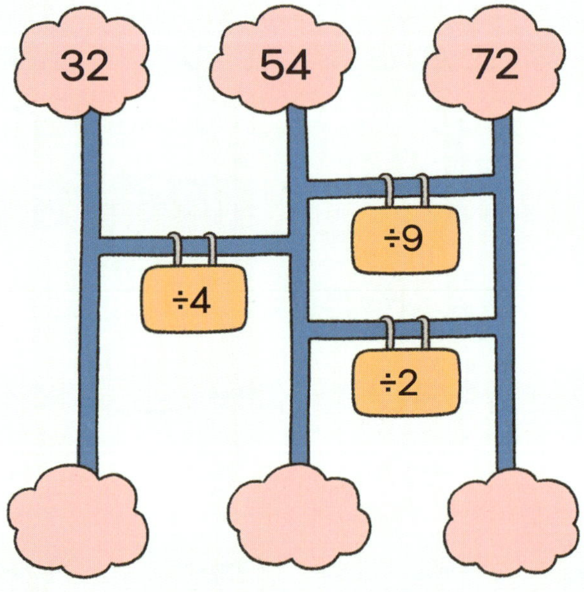

5

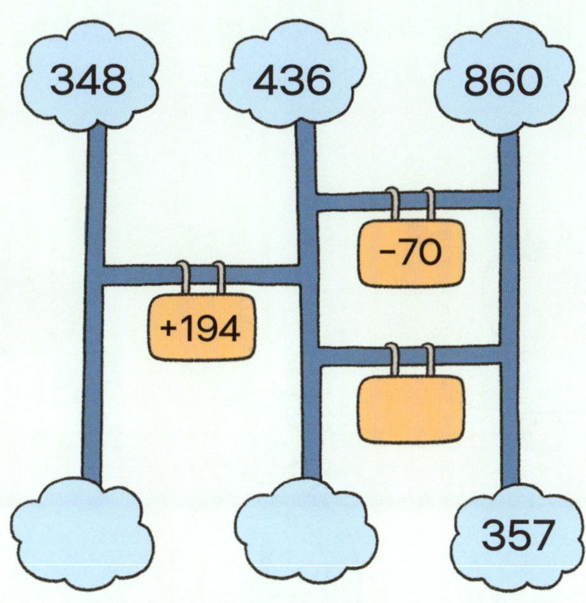

6

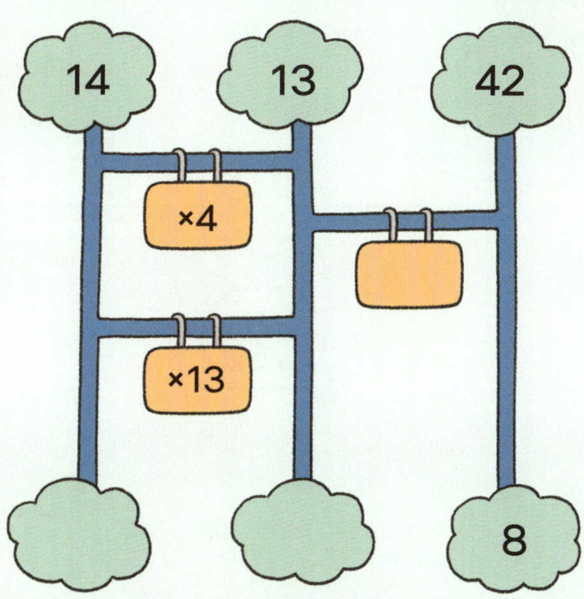

응용력이 커지는 STEP 2

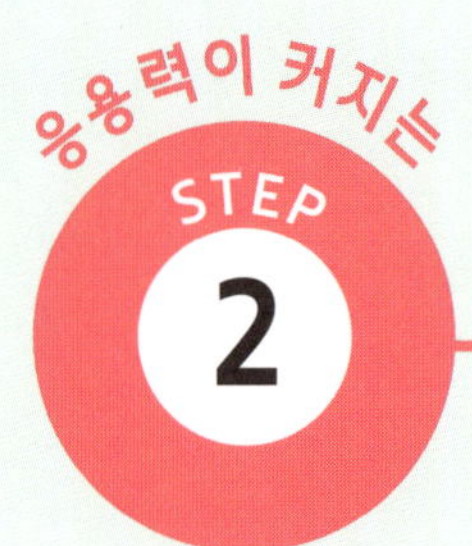

2 왼쪽 접시와 오른쪽 접시에 있는 과일의 무게가 같으면 저울이 수평이 됩니다. 귤 1개의 무게가 120g일 때, 배 4개의 무게는 몇 g인지 구해 보세요.

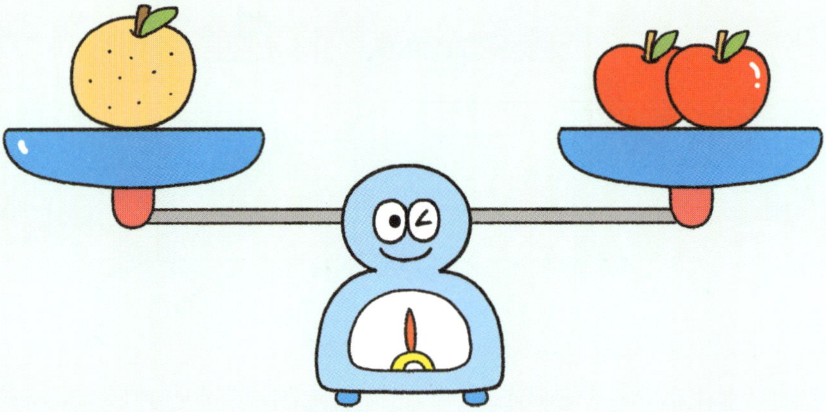

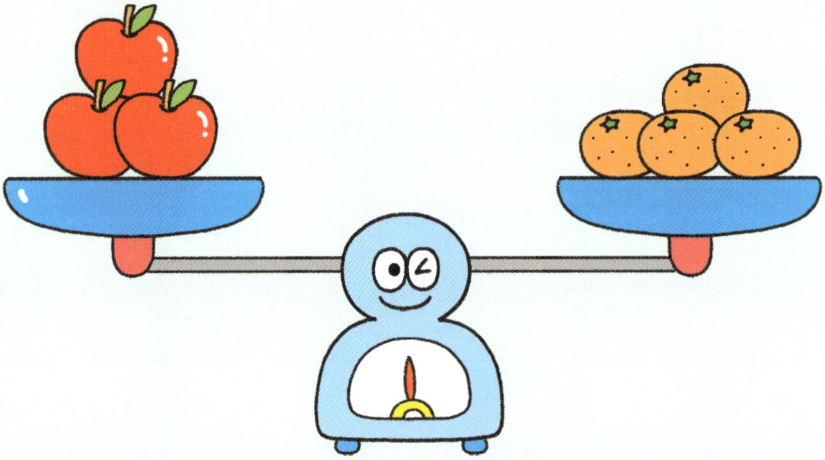

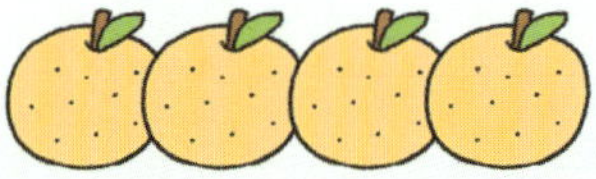 g

3 왼쪽 접시의 과일의 무게와 오른쪽 접시의 추의 무게가 같을 때, 사과 2개
의 무게는 몇 g인지 구해 보세요.

셈하여 미로를 빠져나가요

1 [보기]와 같이 숫자 미로를 해결하려고 합니다. 주황색 꽃에서 시작해서 주황색 꽃에서 끝나도록 수를 선으로 연결하여 길을 만들어 보세요.

▶ 이웃한 두 수끼리 덧셈, 뺄셈, 곱셈, 나눗셈을 한 번씩 해서 길을 만들어요.
▶ 가로 또는 세로 방향은 가능하지만 대각선 방향의 길은 만들 수 없어요.

시작점 : 96

$96 \div 8 = 12$
$12 + 21 = 33$
$33 \times 3 = 99$
$99 - 40 = 59$

❶ 

시작점 : 48

❷ 

시작점 : 68

57

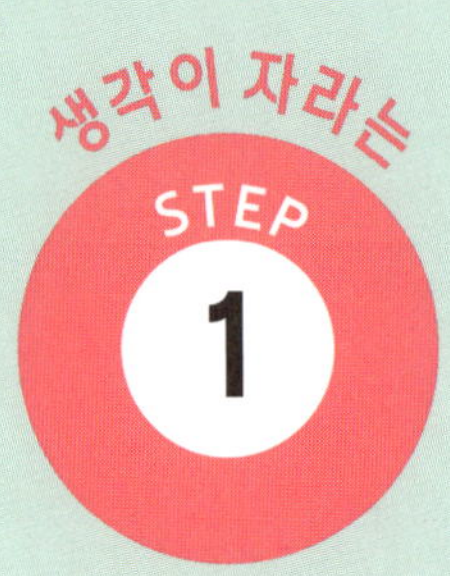

생각이 자라는 STEP 1

⑤ 분수와 소수를 살펴요

분수와 소수를 배워요

1 전체를 똑같이 여러 부분으로 나눈 도형을 모두 찾아 기호를 써 보세요.

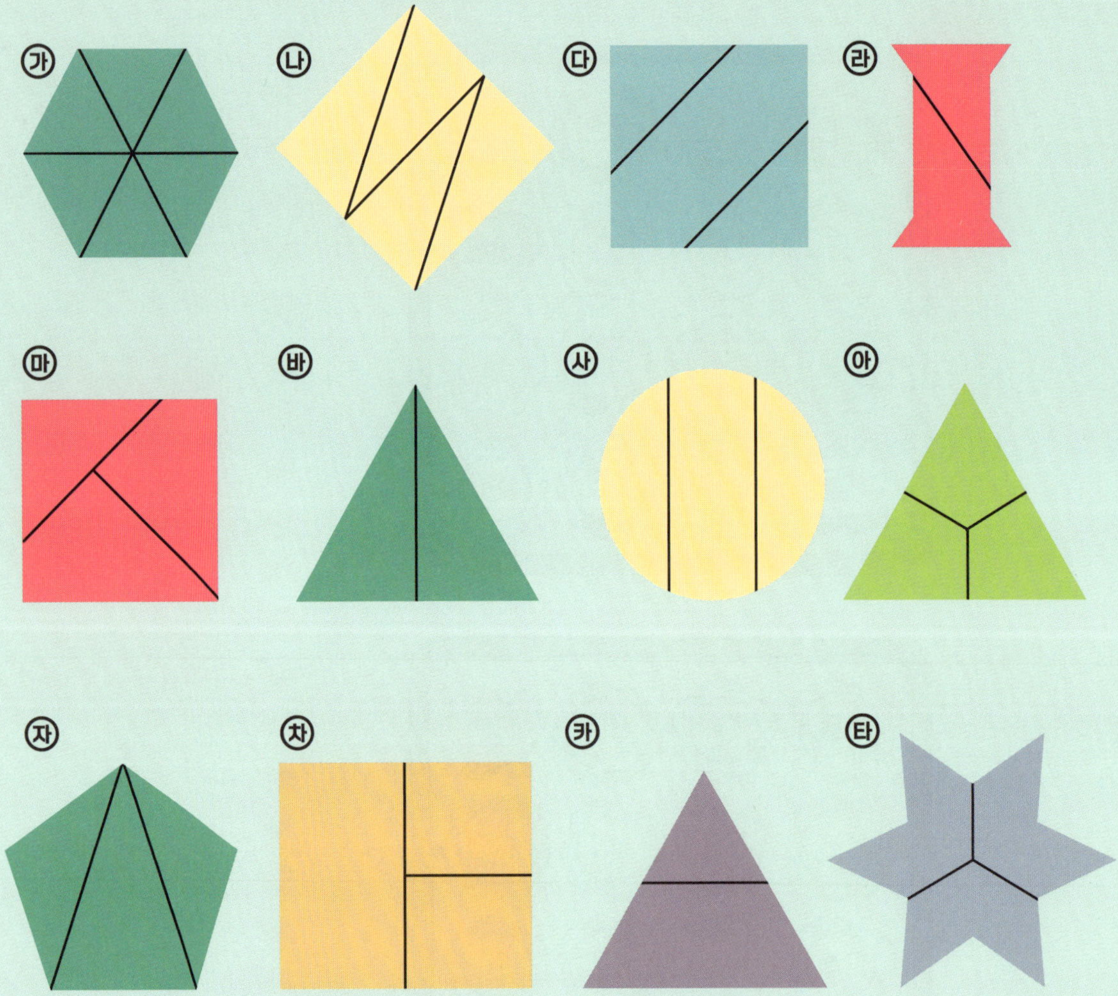

2 전체에 대하여 색칠한 부분의 크기를 분수로 써 보세요.

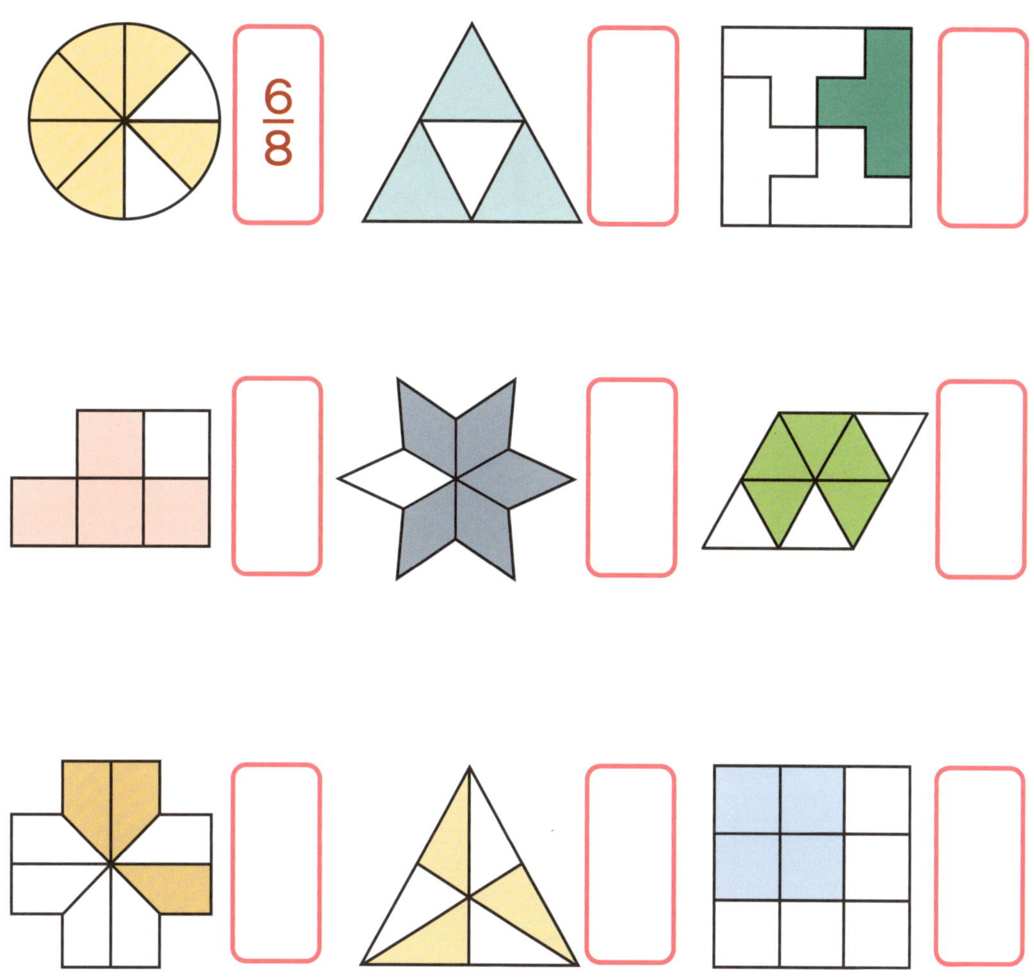

3 곤충에 대한 설명을 보고 물음에 답하세요.

❶ 각 곤충의 몸 길이는 0.1이 몇 개인지 빈칸에 알맞은 수를 써 보세요.

4.7은 0.1이 (　　　　)개입니다.

7.6은 0.1이 (　　　　)개입니다.

4.3은 0.1이 (　　　　)개입니다.

3.8은 0.1이 (　　　　)개입니다.

❷ 몸 길이가 긴 곤충부터 순서대로 이름과 몸 길이를 써 보세요.

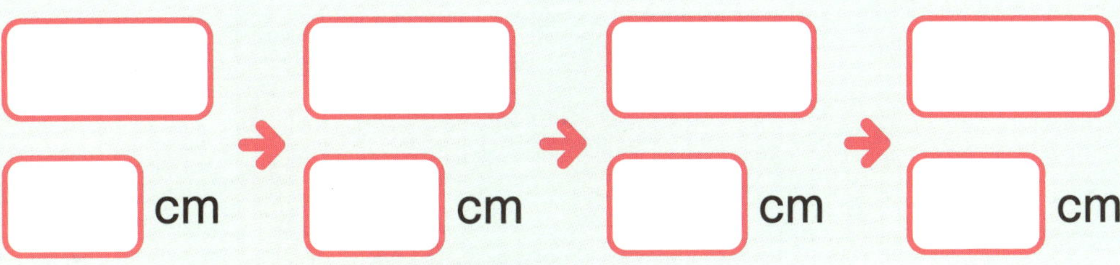

❸ 우리나라의 사슴벌레는 다양한 종류가 있어요. 몸 길이가 가장 짧은 사슴벌레와 가장 긴 사슴벌레의 이름을 순서대로 빈칸에 써 보세요.

이름	몸 길이	수명
왕사슴벌레	7.5cm	1~3년
애사슴벌레	5.5cm	1~2년
넓적사슴벌레	8cm	1~2년
홍다리사슴벌레	5.7cm	1~2년
털보왕사슴벌레	2.5cm	1~2년
제주꼬마사슴벌레	1.2cm	약 1년
뿔꼬마사슴벌레	1.6cm	약 1년

빈칸에 분수와 소수를 채워요

1 칠교 조각의 크기를 분수로 나타내려고 합니다. 물음에 답하세요.

❶ 가장 큰 정사각형의 크기를 1이라 할 때 ①의 크기는 전체의 얼마인지 분수로 나타내 보세요.

❷ 가장 큰 정사각형의 크기를 1이라 할 때 ③, ④, ⑤, ⑦의 크기는 전체의 얼마인지 순서대로 각각 분수로 나타내 보세요.

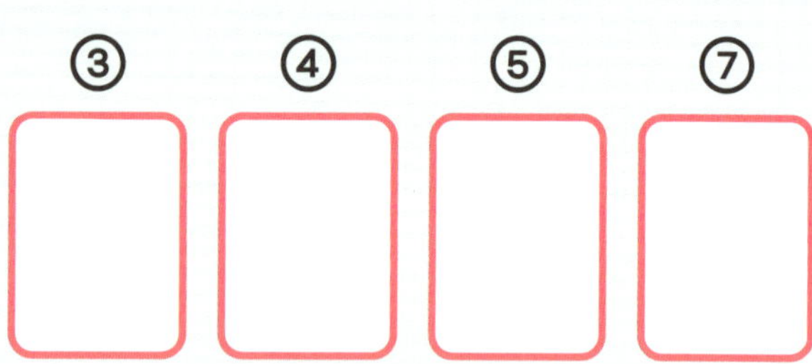

2 다음 4가지 모양의 패턴 블록으로 여러 가지 모양을 만들었어요. 전체에 대하여 초록색 삼각형 크기를 기준으로 정해진 색깔의 크기를 분수로 써 보세요.

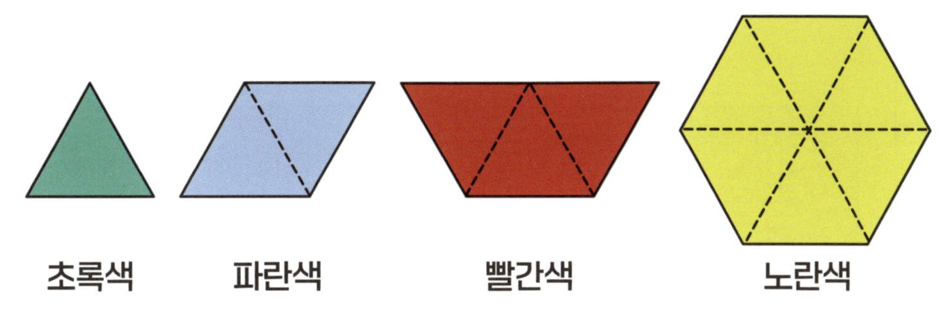

❶ 초록색

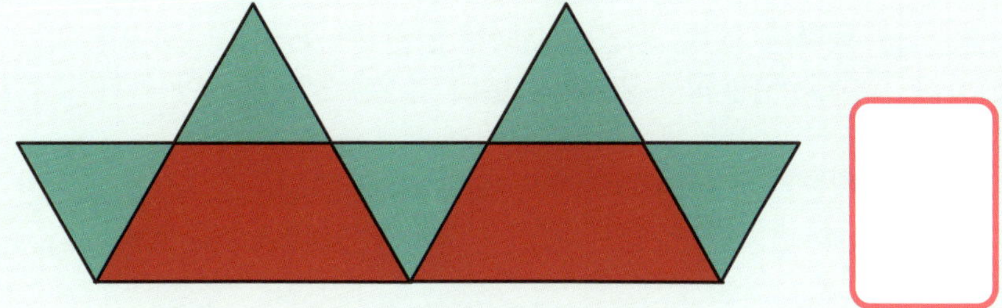

❷ 파란색

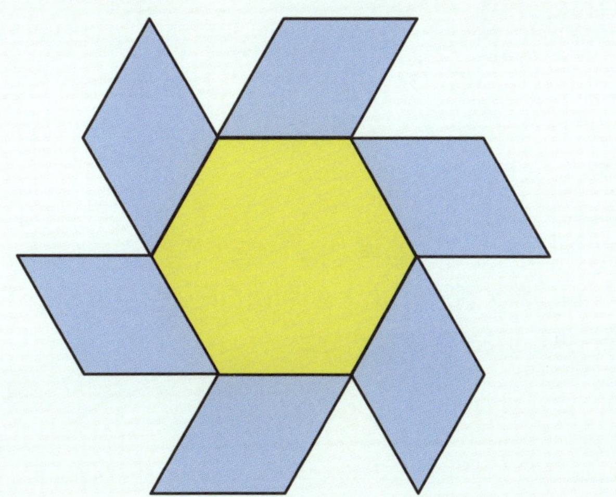

3 신문을 읽다 보면 소수가 자주 나옵니다. 아래 신문을 읽고 물음에 답하세요.

즐깨감 일보   00월00일

한국 어린이 독서량, 매년 줄어든다

요즘 초등학생들이 책을 덜 읽고 있다는 조사 결과가 나왔습니다. 한국○○개발원이 전국 초등학생 3000명을 대상으로 조사한 결과, 지난해 초등학생 1인당 평균 독서량은 연간 18.2권이었습니다. 이는 10년 전인 2015년(평균 25.4권)보다 약 28.3% 감소한 수치입니다.

학년별로 보면 저학년(1~3학년)은 연평균 22권을 읽지만, 고학년(4~6학년)은 평균 15권을 읽는 것으로 조사되었습니다.

그리고 책을 읽으면 좋은 점에 대해 물었을 때 "책을 읽으면 집중력이 좋아진다(65.3%)"가 가장 많았고, 다음으로 "어휘력이 늘어난다(58.7%)"가 있었습니다. 한편 "잠이 잘 온다(2.6%)"는 의견도 있었습니다.

교육 전문가들은 "하루 30분 이상 책을 읽는 습관을 갖는다면 사고력이 발달할 수 있다"고 조언합니다. 어린이 여러분, 오늘부터 재미있는 책 한 권을 골라 읽어 보는 건 어떨까요?

○○일보 ○○월 ○○일 ○요일

① 신문에서 찾은 소수를 모두 써 보세요.

② 신문에서 찾은 소수를 큰 순서대로 써 보세요.

③ 신문에서 찾은 소수 중 넷째로 큰 소수를 써 보세요.

④ 신문에서 찾은 가장 작은 소수보다 크고 3보다 작은 소수 한 자리 수를 모두 써 보세요.

4 분수의 크기를 비교하려고 합니다. 주어진 분수들의 특징에 맞는 말을 골라 ○표 하고, 가장 작은 분수부터 차례대로 빈칸에 써 보세요.

❶

$$\frac{4}{8} \qquad \frac{5}{8} \qquad \frac{7}{8} \qquad \frac{2}{8}$$

(분모 / 분자)가 모두 같습니다.

❷

$$\frac{1}{6} \qquad \frac{1}{2} \qquad \frac{1}{5} \qquad \frac{1}{10}$$

(분모 / 분자)가 모두 같습니다.

5 분수의 크기를 비교하려고 합니다. 막대 위에 분수의 크기만큼 나타내고, 가장 큰 분수부터 차례대로 빈칸에 써 보세요.

$$\frac{1}{2} \qquad \frac{4}{5} \qquad \frac{3}{4} \qquad \frac{2}{3}$$

$\dfrac{1}{2}$

$\dfrac{4}{5}$

$\dfrac{3}{4}$

$\dfrac{2}{3}$

6 텃밭의 $\frac{3}{8}$에는 고추를 심고 $\frac{2}{8}$에는 상추를 심었어요. 물음에 답하세요.

❶ 고추를 심은 부분은 빨간색으로, 상추를 심은 부분은 초록색으로 색칠해 보세요.

❷ 전체 텃밭에 대하여 아무것도 심지 않은 부분을 분수로 나타내 보세요.

7 텃밭의 $\dfrac{3}{8}$ 만큼 국화를 심고, 나머지의 $\dfrac{4}{5}$ 만큼 팬지를 심었어요. 국화와 팬지를 심은 부분은 각각 색칠하고, 전체 텃밭에 대하여 아무것도 심지 않은 부분을 분수로 나타내 보세요.

8 텃밭의 $\dfrac{1}{2}$ 에는 대추나무를 심고, 나머지의 $\dfrac{7}{11}$ 에는 사과나무를 심었어요. 대추나무와 사과나무를 심은 부분은 각각 색칠하고, 전체 텃밭에 대하여 아무것도 심지 않은 부분을 분수로 나타내 보세요.

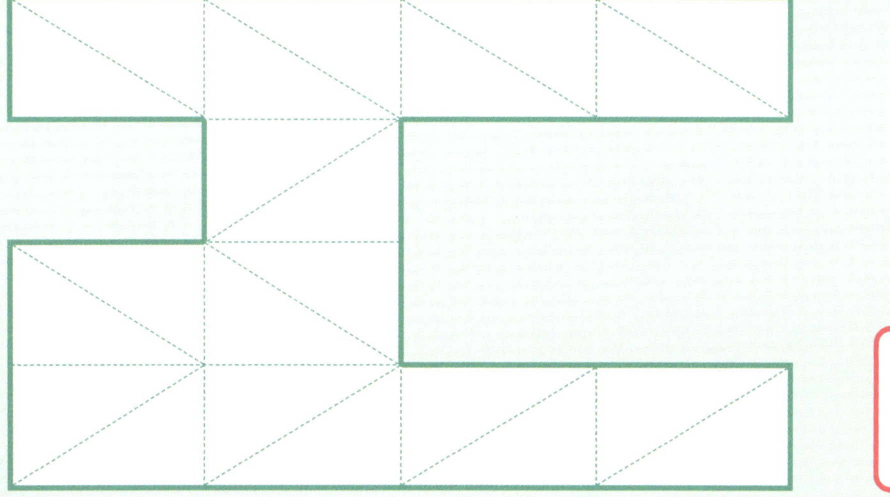

STEP 3 주어진 수만큼 모양을 칠해요

1 유리창이 깨져 빈 곳이 생겼어요. 얼마만큼 깨졌는지는 알 수 없지만, 초록색 칸이 깨진 전체 부분의 $\frac{1}{4}$ 만큼이라고 합니다. [보기]처럼 초록색 칸을 포함하여 깨진 부분을 여러 방법으로 나타내 보세요.

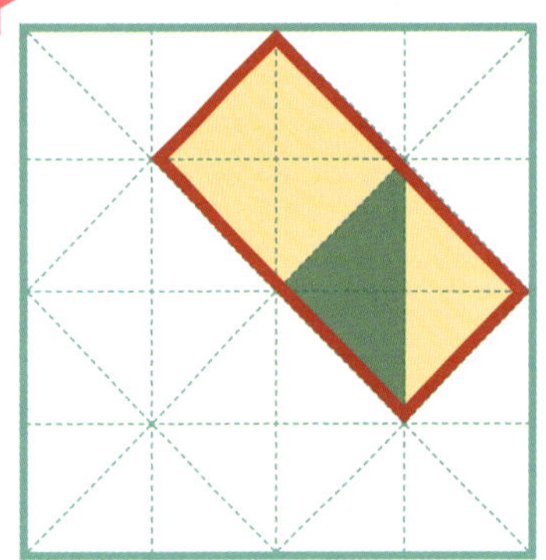

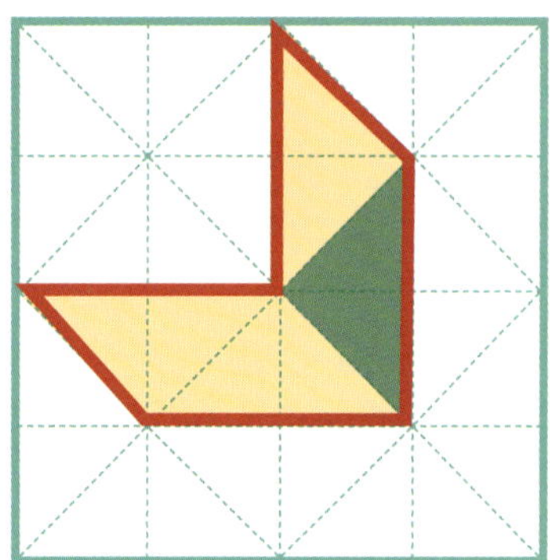

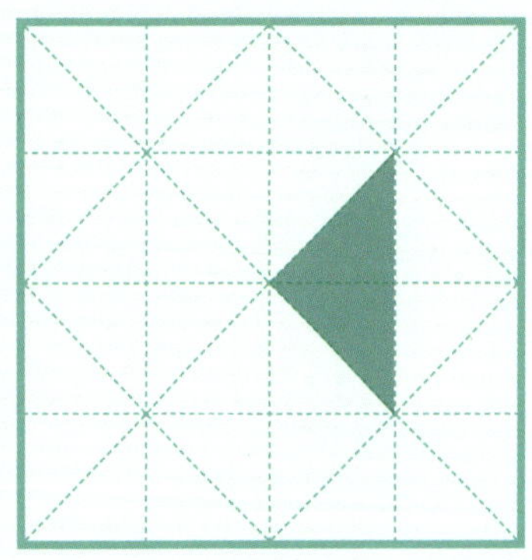

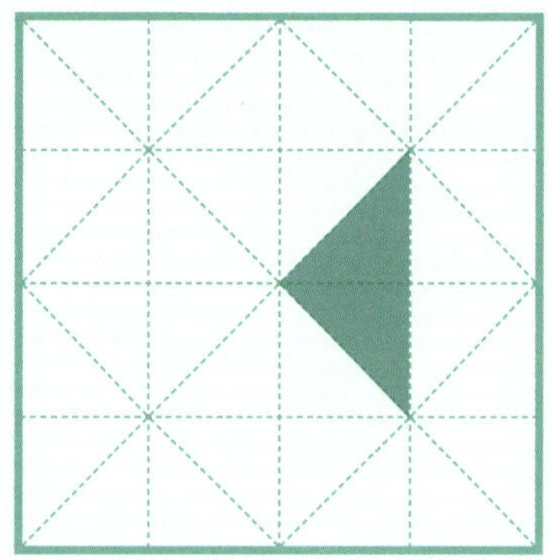

2 유리창이 깨져 빈 곳이 생겼어요. 초록색 칸이 깨진 전체 부분의 $\dfrac{1}{6}$ 만큼 이라고 합니다. 초록색 칸을 포함하여 깨진 부분을 여러 방법으로 나타내 보세요.

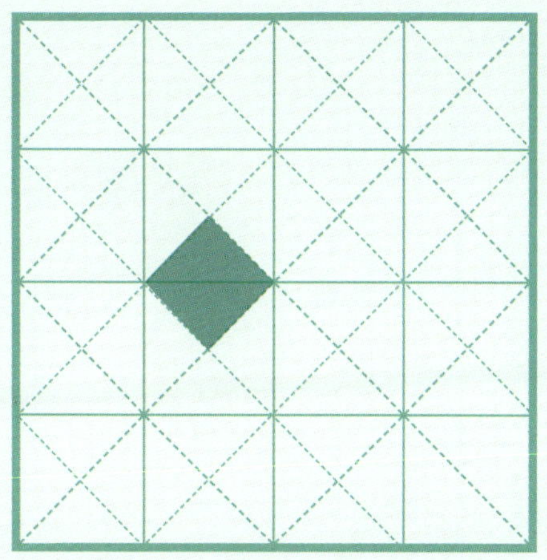

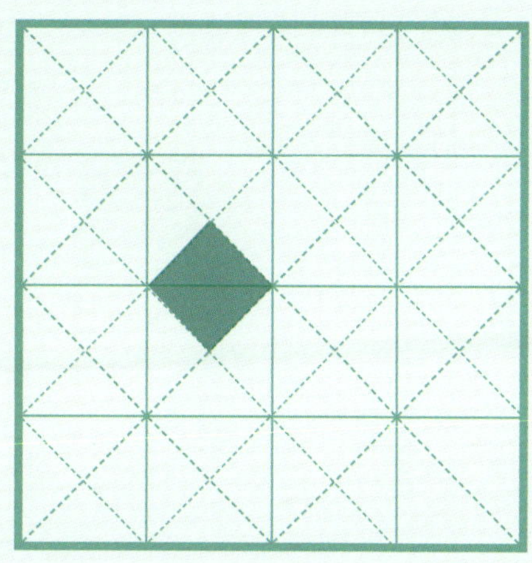

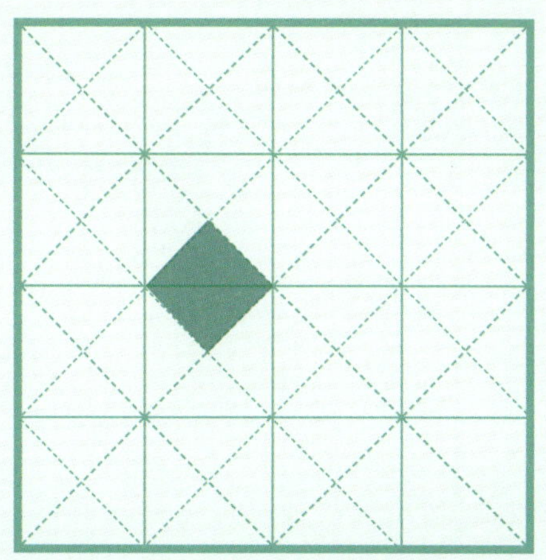

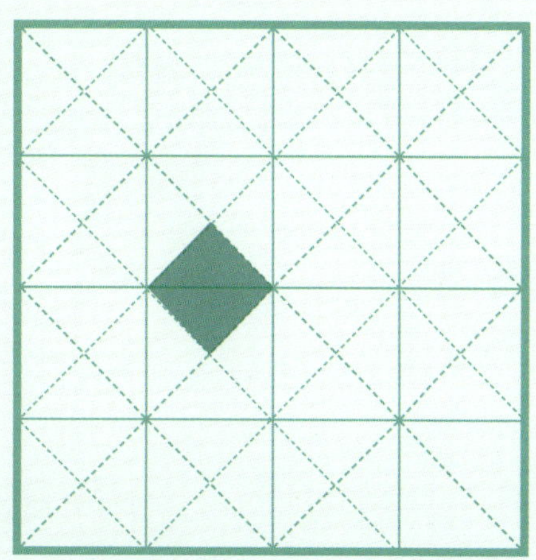

3 유리창이 깨져 빈 곳이 생겼어요. 초록색 칸이 깨진 전체 부분의 0.2만큼 이라고 합니다. 초록색 칸을 포함하여 깨진 부분을 여러 방법으로 나타내 보세요.

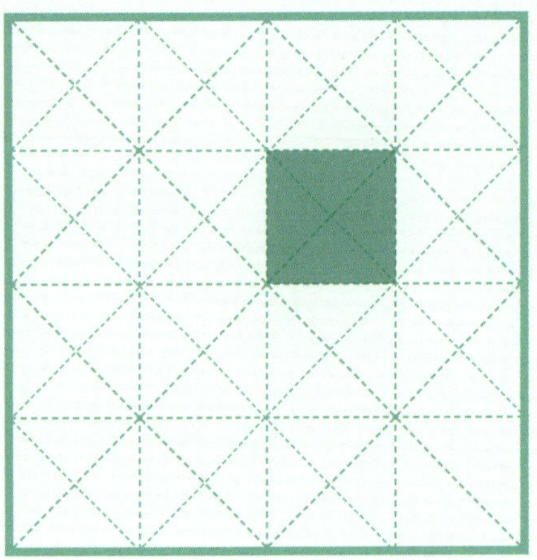

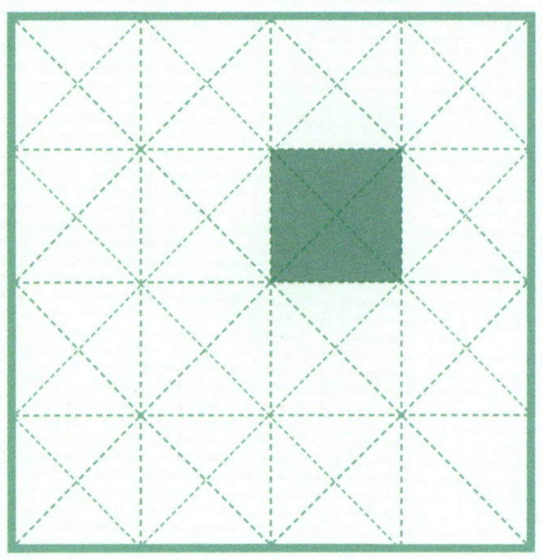

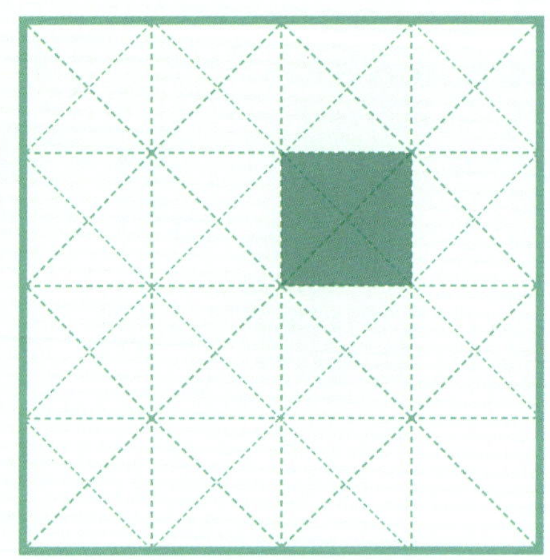

4 유리창이 깨져 빈 곳이 생겼어요. 초록색 칸이 깨진 전체 부분의 0.75만
큼이라고 합니다. 초록색 칸을 포함하여 깨진 부분을 여러 방법으로 나
타내 보세요.

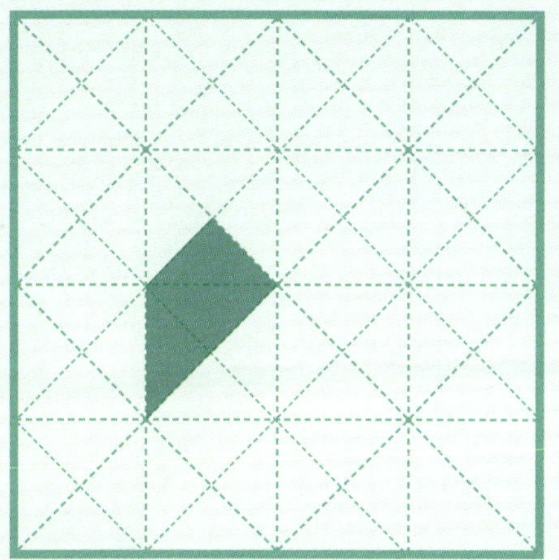

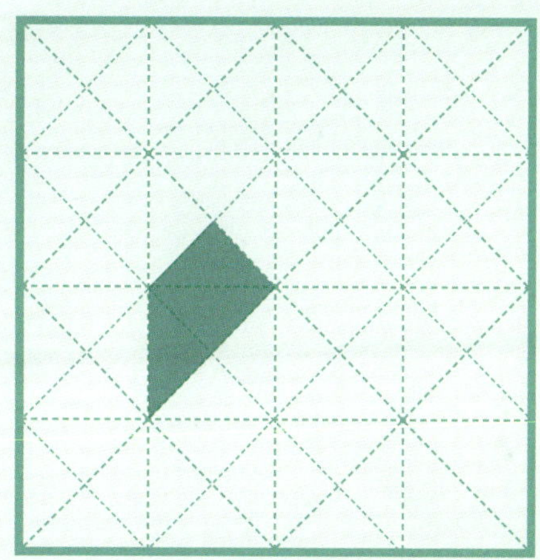

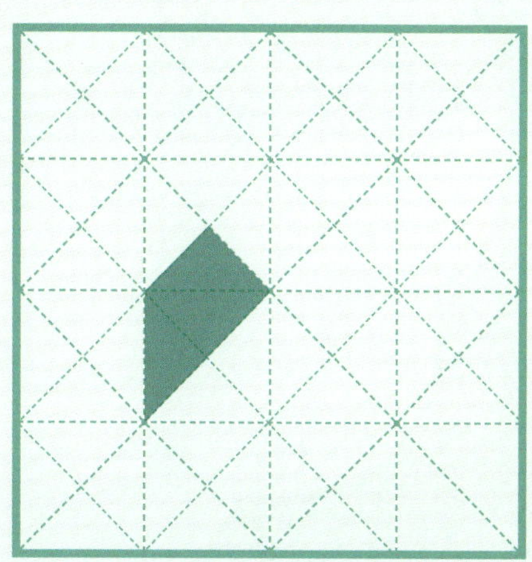

2 규칙성과
친해져요

1 반복되는 규칙을 살펴요
2 변화하는 규칙을 살펴요

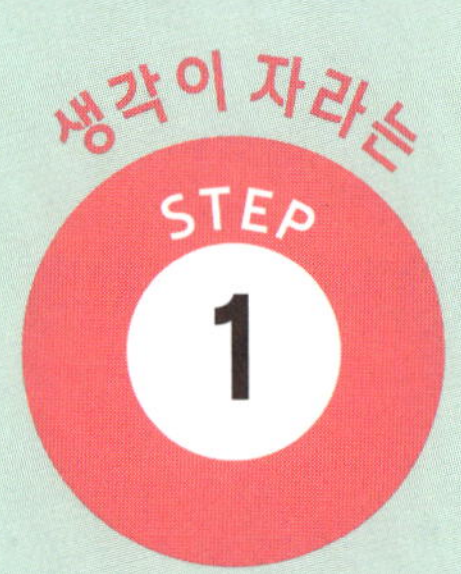

생각이 자라는 STEP 1

❶ 반복되는 규칙을 살펴요

규칙에 따라 움직여요

1 다람쥐가 주어진 선 모양대로 반복해서 길을 지나며 도토리를 주우려고 합니다. 주울 수 있는 도토리에 모두 ○표 해 보세요.

❶

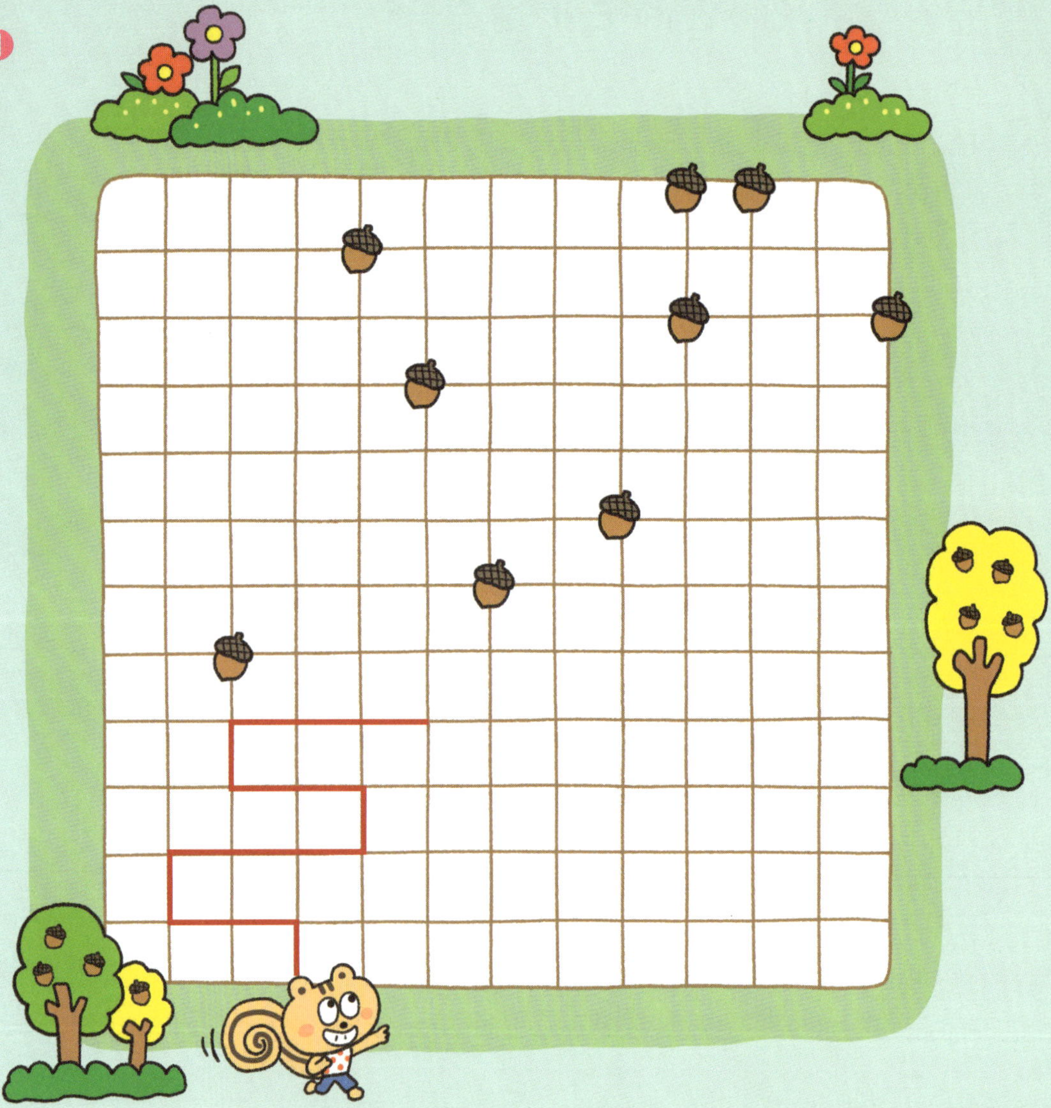

❷

2 토끼와 거북이 경주를 하고 있어요. 구경을 하던 여우와 호랑이는 토끼와 거북이 달리는 모습에서 각각 규칙을 발견했어요. 물음에 답하세요.

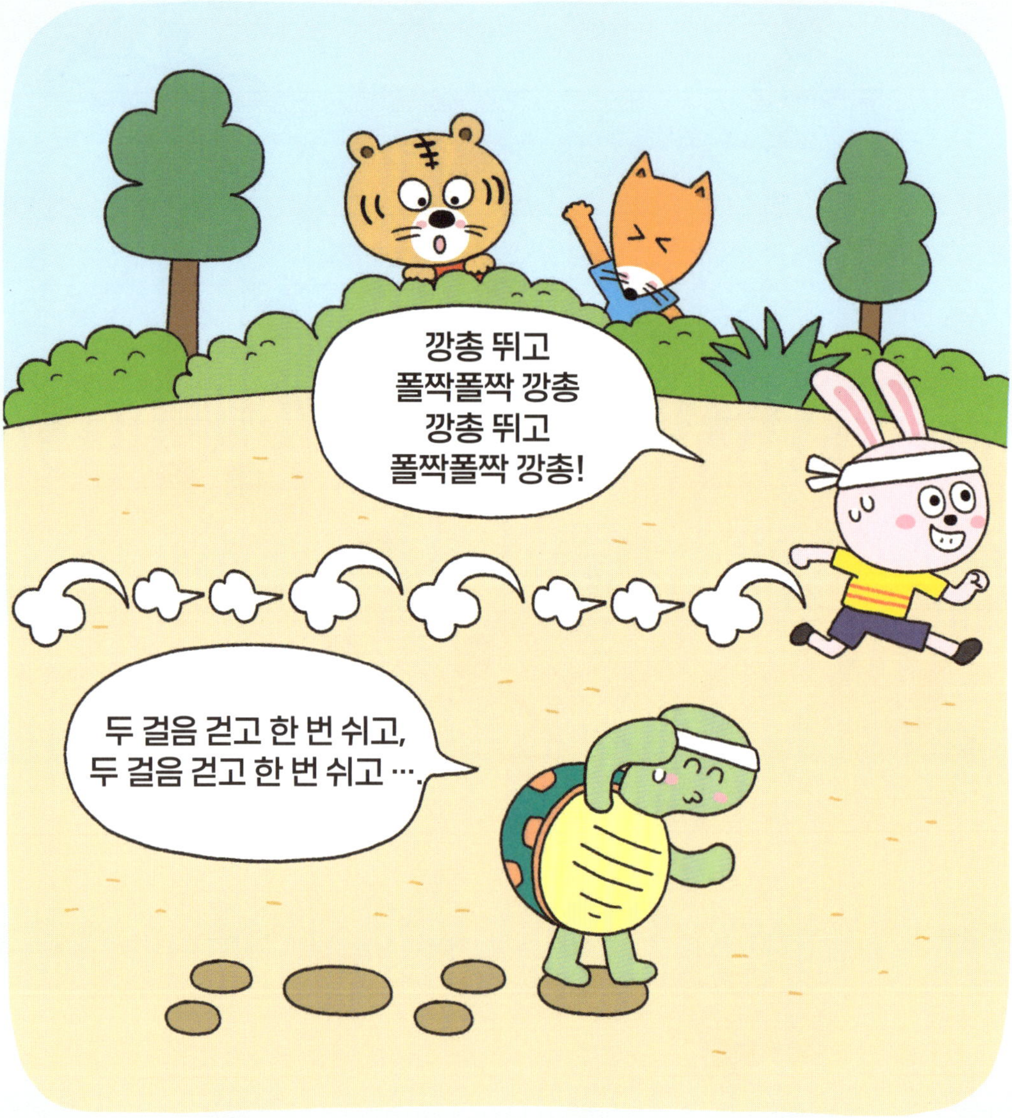

1 호랑이는 토끼가 달리는 규칙을 다음과 같은 기호로 나타내었어요. 이와 같은 규칙으로 계속 그릴 때, 20번째 그려야 할 기호를 그려 보세요.

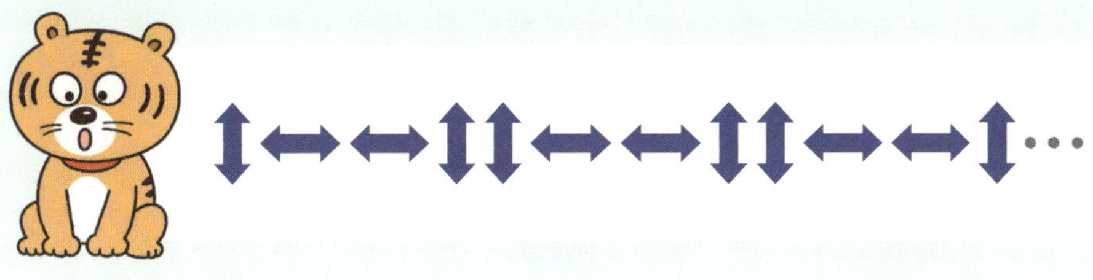

2 여우도 호랑이처럼 거북이 달리는 규칙을 기호로 나타내려고 해요. ▲와 ◆를 이용하여 9번째까지 나타내 보세요.

3 여우가 **2**처럼 계속 규칙을 나타낼 때 20번째에 그려야 할 기호를 그려 보세요.

응용력이 커지는 STEP 2

규칙에 따라 순서를 살펴요

1 [ ] 안의 규칙대로 반복해서 지나가면 미로를 빠져나갈 수 있어요. 미로를 나갈 수 있도록 선을 그려 보세요. (단, 규칙을 중간에 멈출 수는 없어요.)

❶

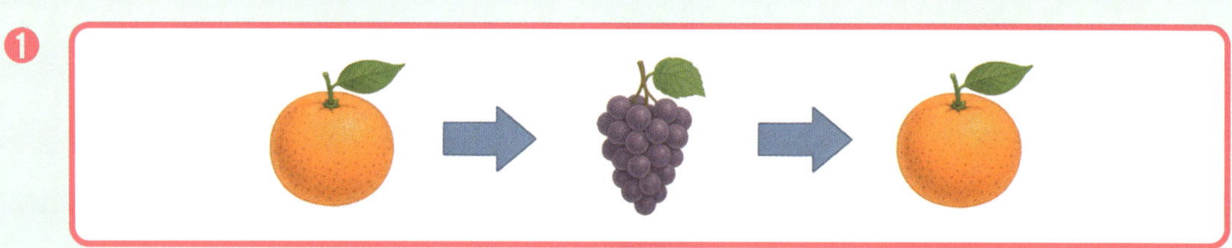

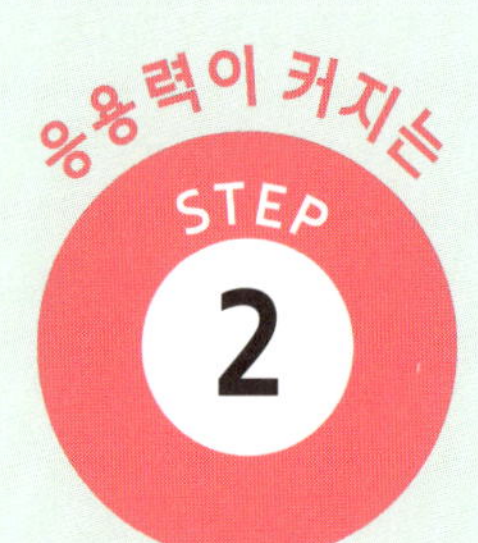

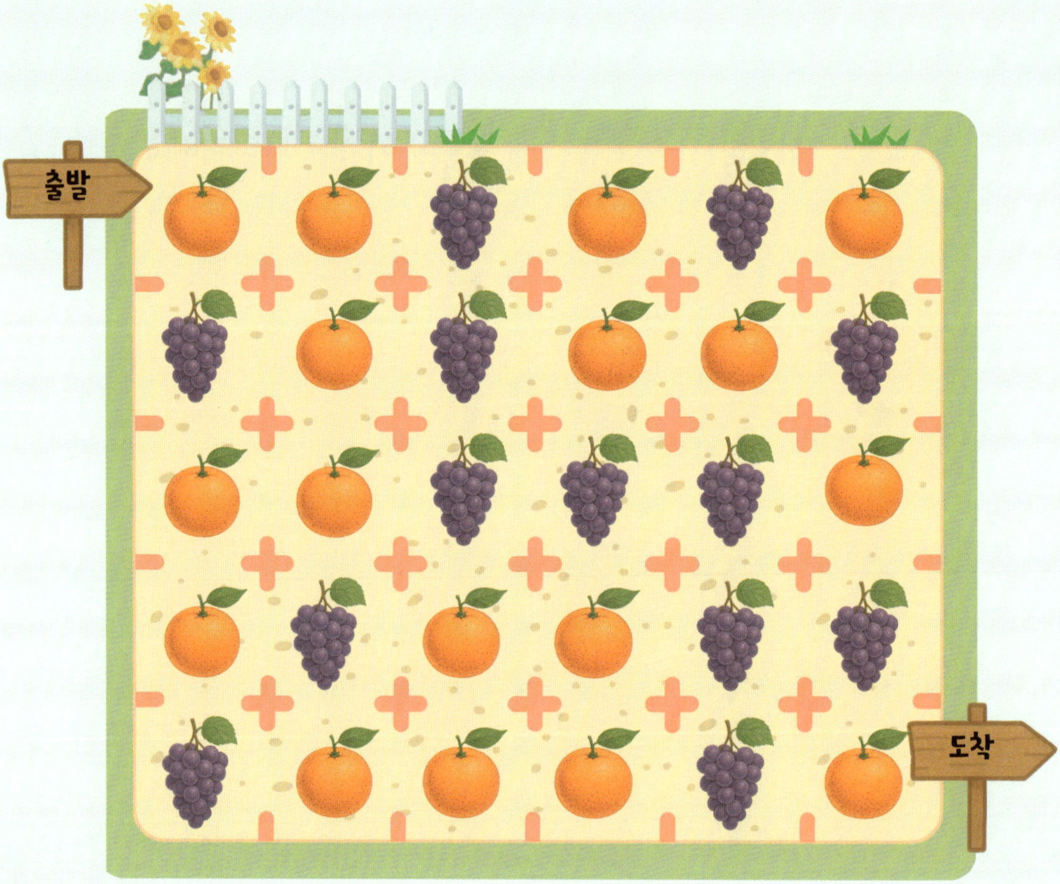

❷

응용력이 커지는

STEP 2

2 인형들이 규칙에 따라 나열되어 있어요. 빈칸에 들어갈 알맞은 번호를 찾아 써 보세요.

❶

① ② ③ ④ ⑤ ⑥

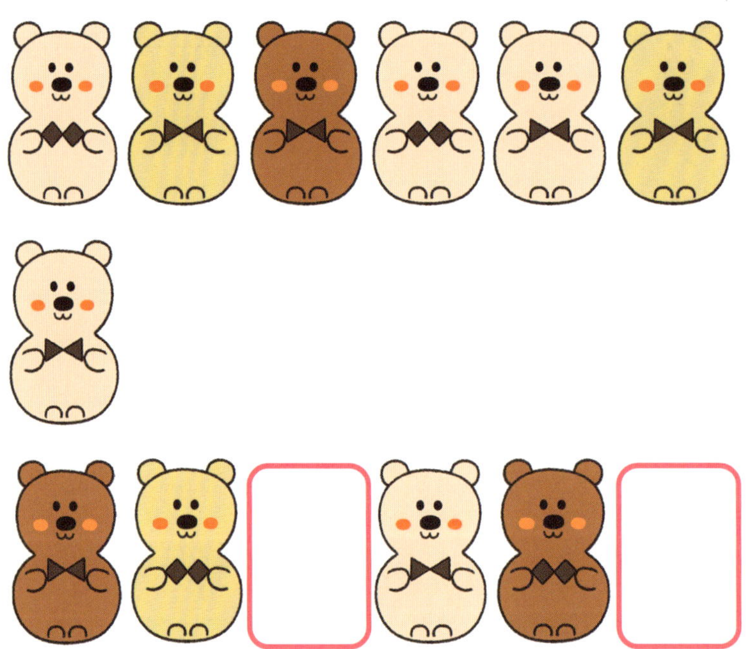

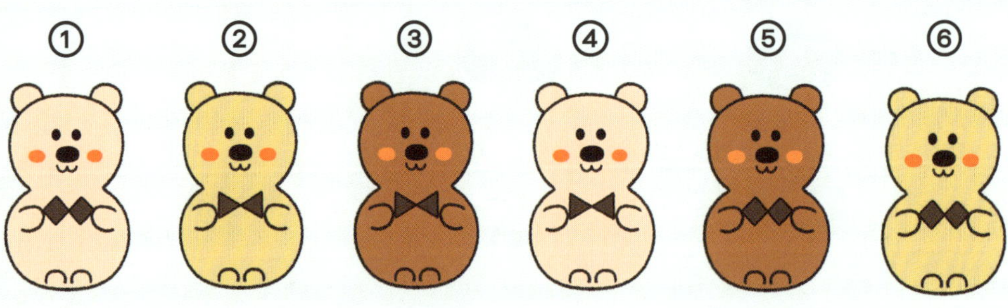

❷

① ② ③ ④ ⑤ ⑥

응용력이 커지는 STEP 2

3 두더지 잡기 게임기가 돌아가고 있어요. 두더지의 색깔과 나오는 위치의 규칙을 찾아 물음에 답하세요.

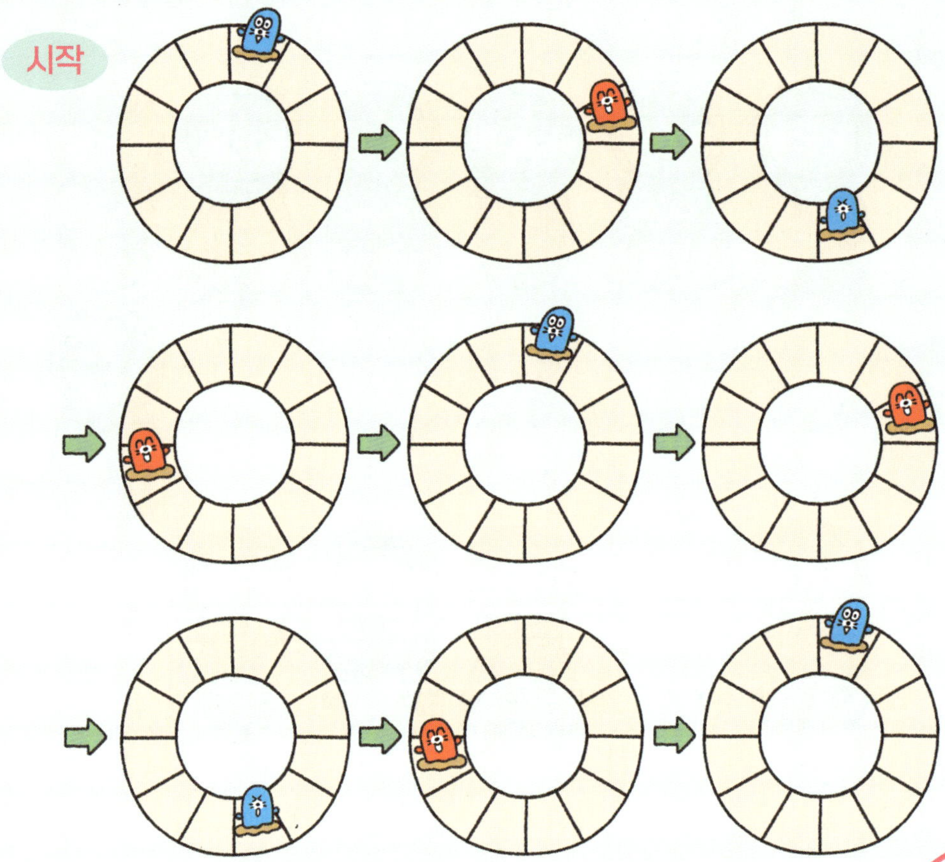

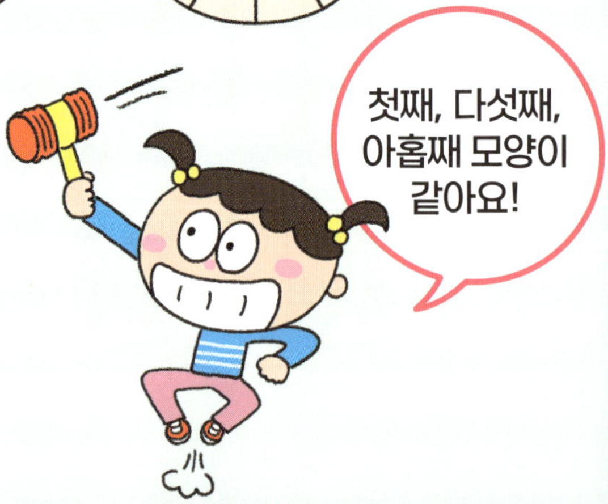

1 열째와 열셋째에 나오는 두더지의 자리에 알맞은 두더지의 색을 칠해 보세요.

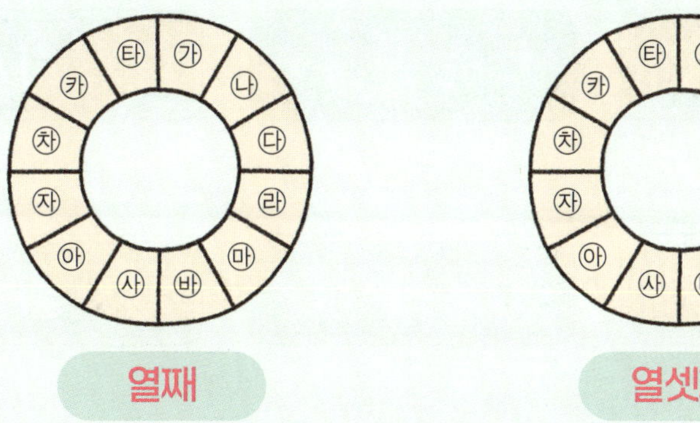

2 ㉮에서 두더지 3마리를 잡는 순간 게임기가 멈췄다면 ㉴에서는 모두 몇 마리를 잡았을까요? (단, 게임기가 돌아가기 시작하고 한 번도 두더지를 놓치지 않았어요.)

 마리

3 ㉮에서 두더지 5마리를 잡는 순간 게임기가 멈췄다면 두더지는 모두 몇 마리를 잡았을까요? (단, 게임기가 돌아가기 시작하고 한 번도 두더지를 놓치지 않았어요.)

 마리

STEP 3 다음에 올 모양을 미리 살펴요

1 가게 입구에 1초마다 바뀌는 전광판이 있어요. 전광판은 다음과 같이 규칙
적으로 바뀐다고 합니다. 물음에 답하세요.

① 처음 안녕하세요 가 나타났을 때부터 몇 초 후에 다시 안녕하세요 가 나타날까요?

초 후

② 처음 감사합니다 나타났을 때부터 30초 후에 나타나는 전광판을 찾아 ○표 해 보세요.

③ 처음 감사합니다 가 나타났을 때부터 2분 동안 전광판을 바라봤을 때 감사합니다 를 볼 수 있는 시간은 모두 몇 초인가요?

초

② 변화하는 규칙을 살펴요

규칙에 따라 모양을 살펴요

1 요술 램프에 모양을 넣으면 [보기]와 같이 바뀌어 나옵니다. 어떤 모양이 나오는지 빈칸에 알맞게 그려 보세요.

❶

②

③

2 지우와 시윤이가 서로 암호 카드를 주고 받았어요. 물음에 답하세요.

❶ 지우가 시윤이에게 암호 카드 2장을 보냈어요. [보기]와 같이 지우가 보낸
카드의 내용이 무엇인지 알아보세요.

자	리	기
는	거	늘
만	도	자

+

우	위	에
뛰	오	서
두	나	자

=

우	리	
	오	늘
만	나	자

이	너	창	작
사	지	를	사
기	도	좋	본
하	로	언	와

+

모	성	는	래
소	과	를	놀
이	터	나	아
하	시	타	니

=

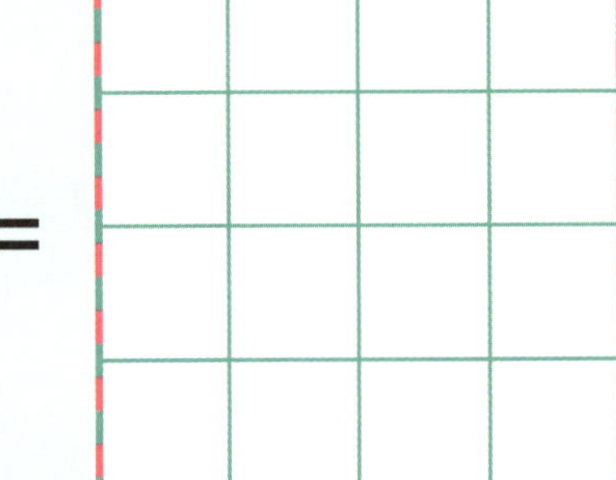

❷ 시윤이가 지우에게 답장으로 암호 카드 2장을 보냈어요. [보기]와 같이 시윤이가 보낸 카드의 내용이 무엇인지 알아보세요.

오	리	운
동	영	화
노	장	래

+

오	리	운
동	영	화
노	장	래

=

		운
동		
	장	

나	신	발	는
포	도	도	장
한	곶	가	좋
아	수	토	지

+

나	신	발	는
포	이	도	장
한	곶	가	좋
아	수	토	지

=

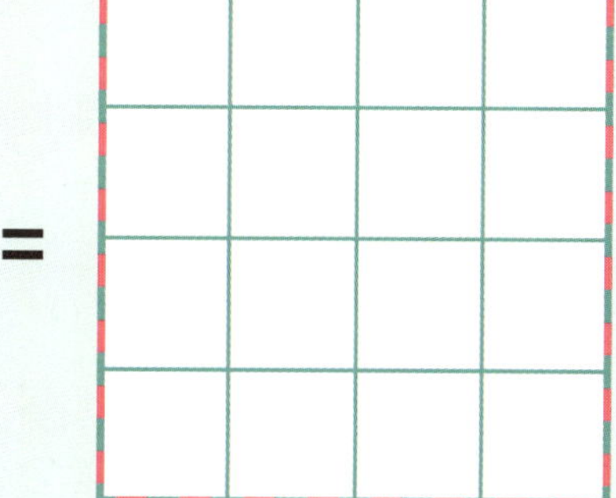

응용력이 커지는 STEP 2

규칙에 따라 퍼즐을 풀어요

1 [보기]와 같이 도형이 일정한 규칙으로 변할 때 ?에 들어갈 알맞은 번호를 찾아 ○표 해 보세요.

보기

❶

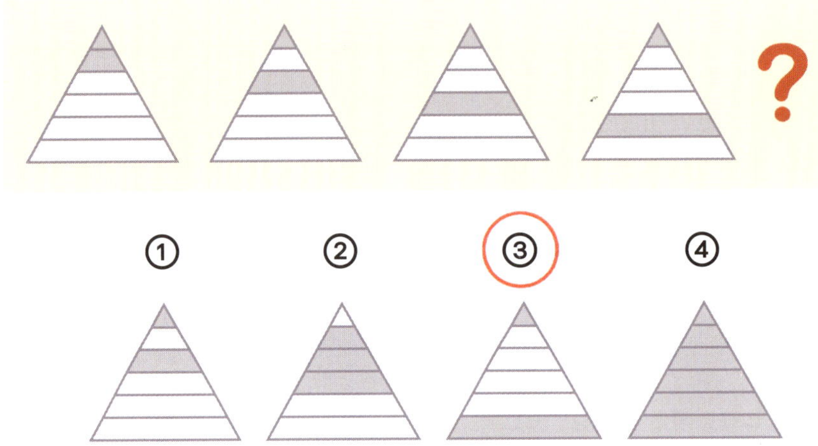

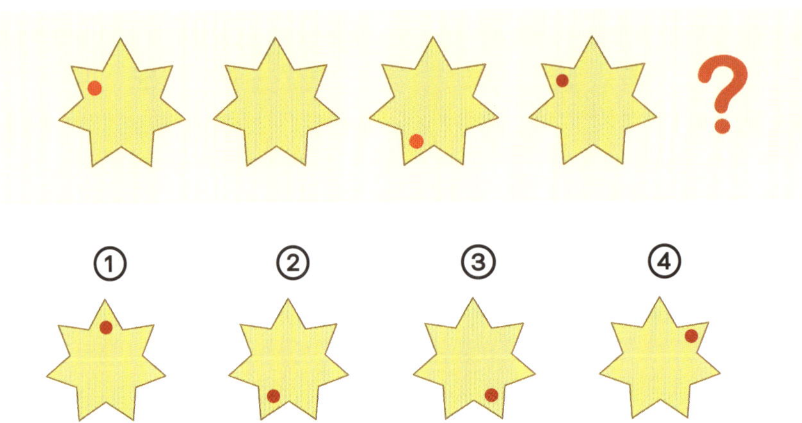

❷

① ② ③ ④

❸

① ② ③ ④

응용력이 커지는

STEP 2

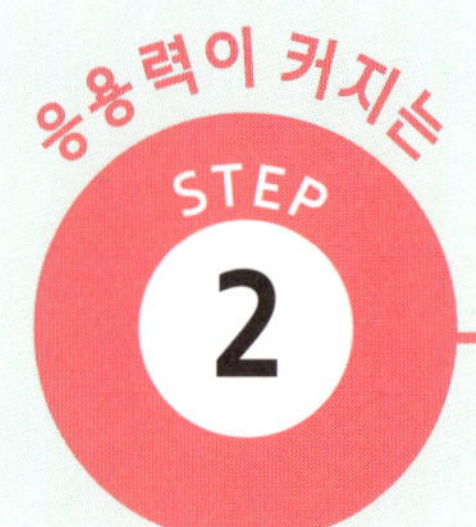

2 마술 모자에 카드를 넣으면 모자의 색깔에 따라 [보기]와 같이 카드가 변합니다. [보기]와 같이 빈칸에 들어갈 알맞은 카드나 모자의 번호를 써 보세요.

보기

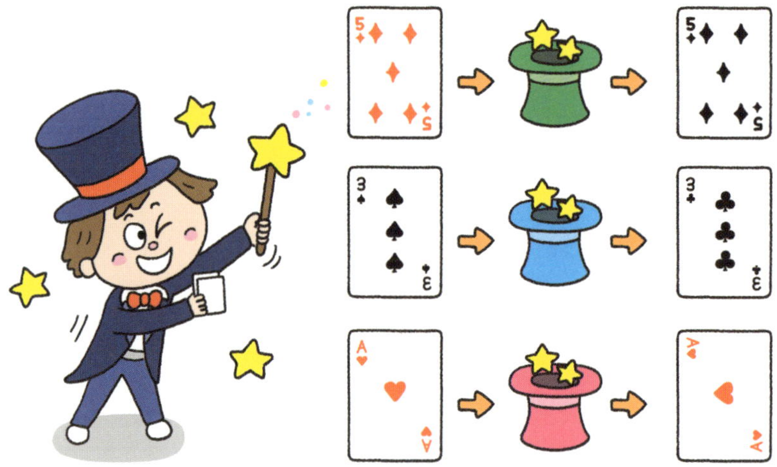

❶

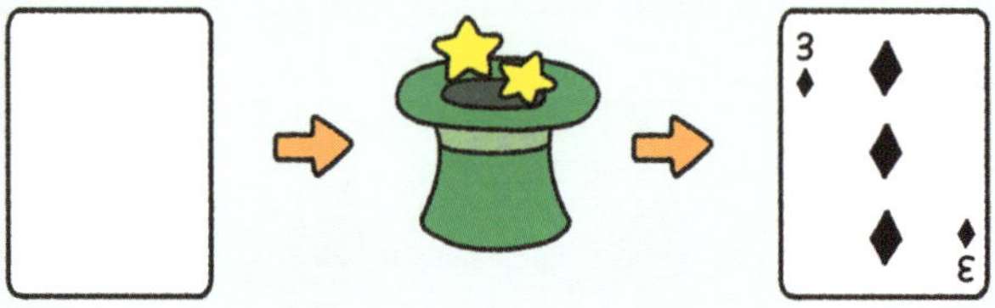

①

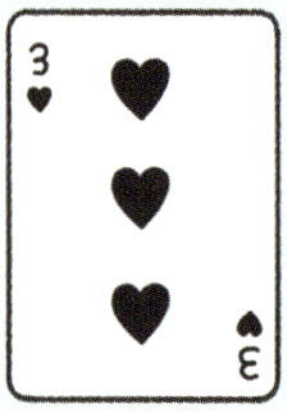

②

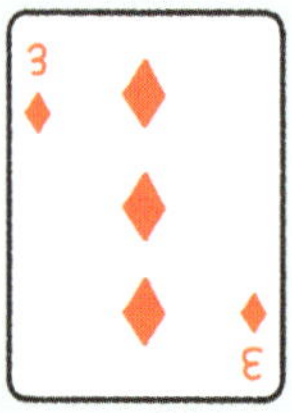

③

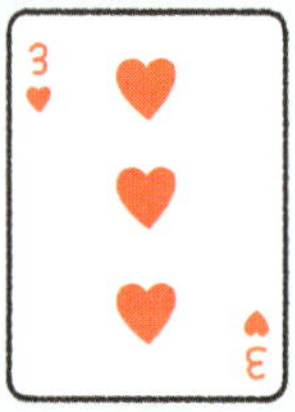

④

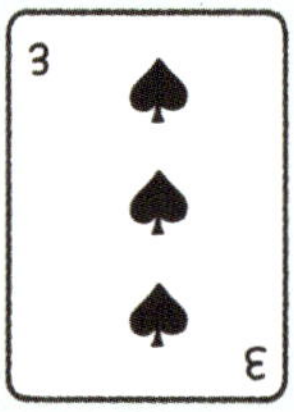

❷

❸

④

⑤

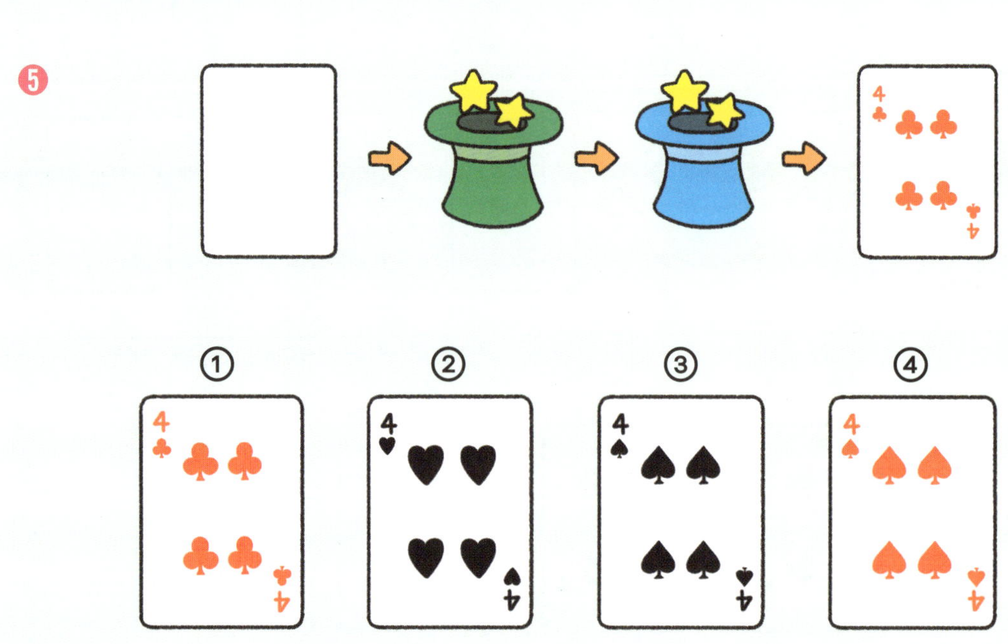

6

① ② ③

7

① ② ③

창의력이 샘솟는 STEP 3

변화할 모양을 미리 살펴요

1 1쪽에서 4쪽까지 일정한 규칙으로 도형이 변신하는 책이 있어요. 5쪽에서 8쪽까지 그려진 도형이 같은 규칙으로 변신할 때 빈칸에 들어갈 알맞은 번호를 찾아 써 보세요.

❶

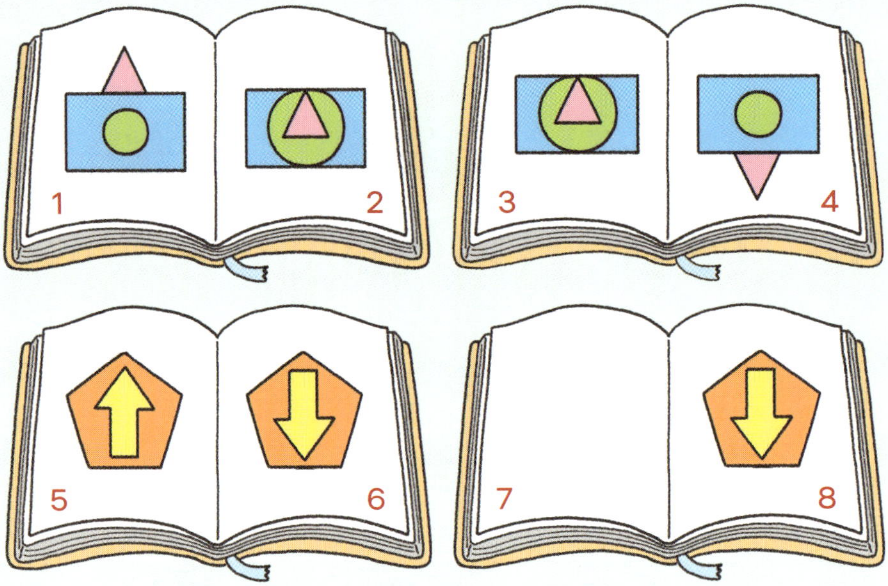

①

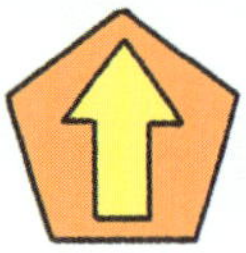

②

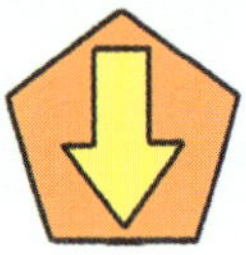

③

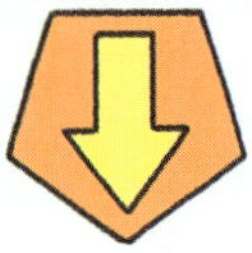

④

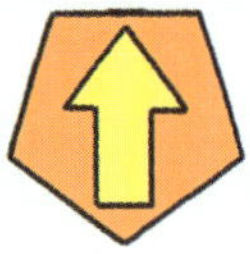

❷

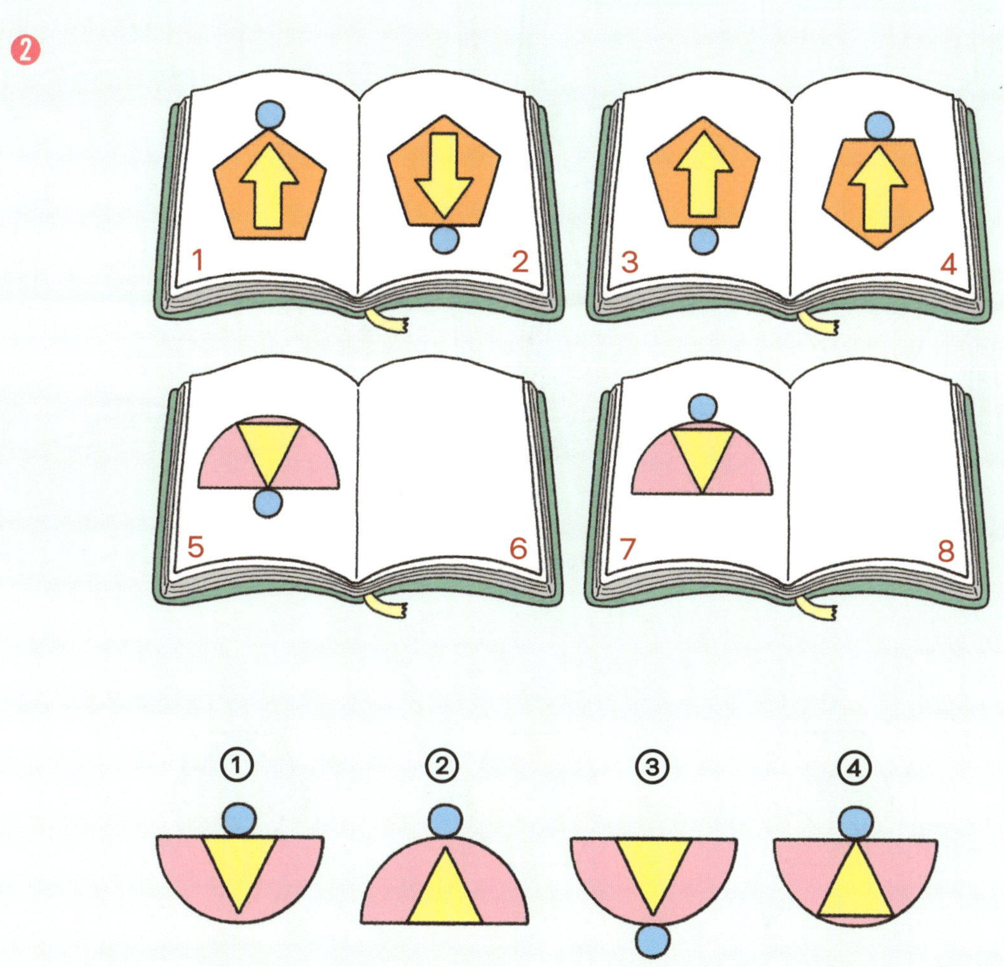

❸

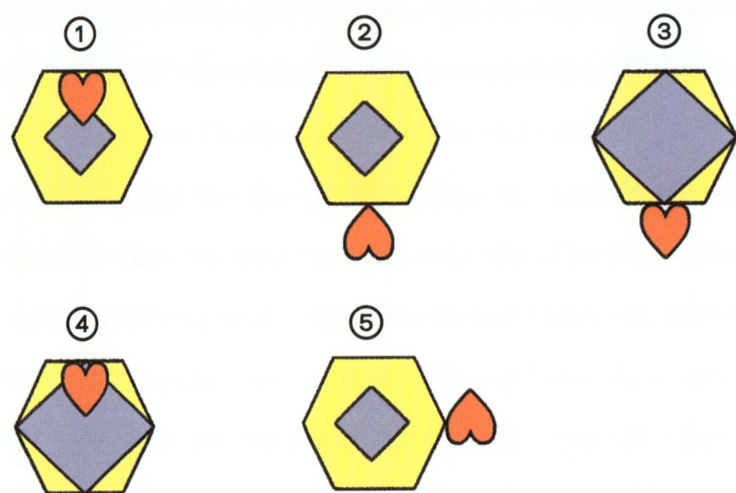

4

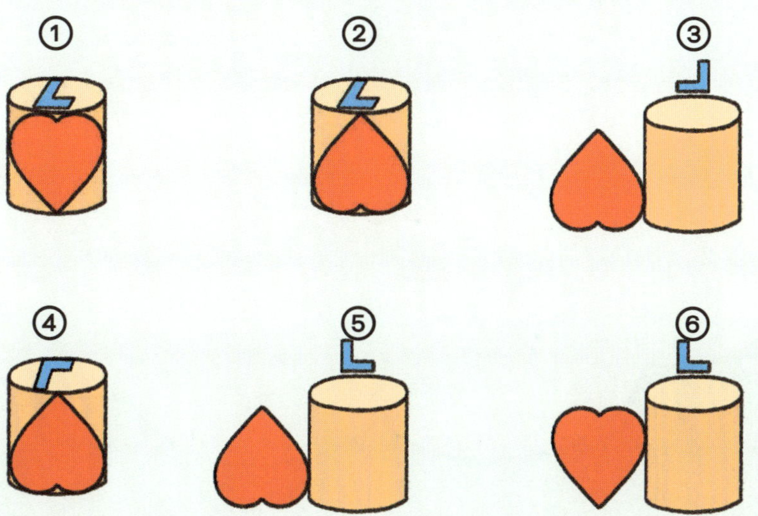

3 문제 해결력을 높여요

1 셈하여 해결해요
2 그림을 그려 해결해요
3 표를 만들어 해결해요
4 거꾸로 풀어 해결해요

1 셈하여 해결해요

식을 세워 답을 구해요

1 거문고, 가야금, 아쟁과 같은 전통 악기는 줄을 이용해서 소리를 내는 현악기입니다. 어느 연주회에 거문고 12대, 가야금 15대, 아쟁 13대가 모였어요. 악기의 줄 수는 모두 얼마일까요? 다음 물음에 답하세요.

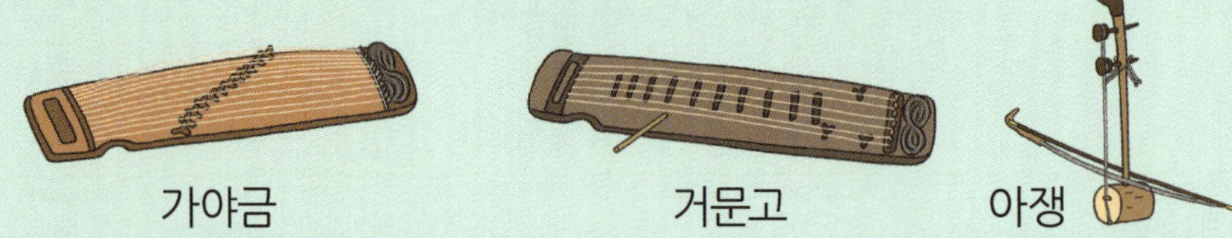

가야금   거문고   아쟁

❶ 거문고의 줄은 6개입니다. 거문고 12대의 줄 수는 모두 얼마인지 식을 세워 구해 보세요.

식 [   ]   [   ] 줄

❷ 가야금의 줄은 12개입니다. 가야금 15대의 줄 수는 모두 얼마인지 식을 세워 구해 보세요.

식 [   ]   [   ] 줄

❸ 아쟁의 줄은 7개입니다. 아쟁 13대의 줄 수는 모두 얼마인지 식을 세워 구해 보세요.

식 [   ]   [   ] 줄

❹ 연주회에 모인 악기의 줄 수는 모두 얼마인지 구해 보세요.

식 [   ]   [   ] 줄

2 서원이는 870원짜리 연필 6자루와 450원짜리 지우개 3개를 사고 7000원을 냈어요. 받아야 할 거스름돈은 얼마일까요? 다음 물음에 답하세요.

  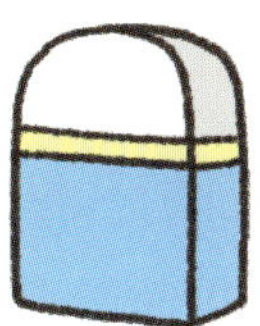

❶ 연필 6자루의 가격을 식을 세워 구해 보세요.

식 ____________________________   ____________________________ 원

❷ 지우개 3개의 가격을 식을 세워 구해 보세요.

식 ____________________________   ____________________________ 원

❸ 물건의 가격은 모두 얼마인지 식을 세워 구해 보세요.

식 ____________________________   ____________________________ 원

❹ 서원이가 받아야 할 거스름돈은 얼마인지 구해 보세요.

식 ____________________________   ____________________________ 원

105

순서대로 답을 셈해요 •

1 학교 도서관에 있는 동화책, 과학책, 만화책이 다음과 같아요. 만화책은 몇 권일까요? 다음 물음에 답하세요.

> ▶ 동화책은 500권보다 123권 더 적습니다.
> ▶ 과학책은 동화책보다 86권 더 많습니다.
> ▶ 만화책은 과학책보다 75권 더 적습니다.

❶ 몇 권인지 가장 먼저 파악할 수 있는 책은 동화책, 과학책, 만화책 중 무엇인가요?

❷ 동화책은 몇 권인지 식을 세워 구해 보세요.

식   권

❸ 과학책은 몇 권인지 식을 세워 구해 보세요.

식   권

❹ 만화책은 몇 권인지 식을 세워 구해 보세요.

식   권

2 쌓기나무가 들어있는 서로 다른 색의 상자 3개가 있어요. 각각의 상자에 든 쌓기나무는 몇 개일까요? 다음 물음에 답하세요.

> ▶ 노랑 상자에 든 쌓기나무는 초록 상자의 3배예요.
> ▶ 초록 상자에는 12의 8배 만큼의 쌓기나무가 들어 있어요.
> ▶ 분홍 상자에는 노랑 상자에 든 쌓기나무보다 2배만큼 많아요.

❶ 3개의 상자 중에서 가장 먼저 쌓기나무의 개수를 알 수 있는 상자는 무엇인지 생각해 보고, 그 개수를 식을 세워 구해 보세요.

식 [ ]   [ ] 상자 [ ] 개

❷ 두 번째로 쌓기나무의 개수를 알 수 있는 상자는 무엇인가요? 그 개수를 식을 세워 구해 보세요.

식 [ ]   [ ] 상자 [ ] 개

❸ 세 번째로 쌓기나무의 개수를 알 수 있는 상자는 무엇인가요? 그 개수를 식을 세워 구해 보세요.

식 [ ]   [ ] 상자 [ ] 개

3 이현이네 가족은 한 시간에 80km를 가는 일반 버스를 2시간 동안 탄 뒤, 한 시간에 120km을 가는 고속 버스를 1시간 30분 동안 타고 남해에 도착했어요. 버스를 탄 거리는 몇 km일까요? 다음 물음에 답하세요.

❶ 구하려고 하는 것을 바르게 말한 사람을 찾아 ○표 해 보세요.

❷ 일반 버스와 고속 버스를 타고 간 거리는 각각 몇 km인지 식을 세워 구해 보세요.

식 [ ] [ ] km

식 [ ] [ ] km

❸ 버스를 타고 간 거리는 모두 몇 km인지 식을 세워 구해 보세요.

식 [ ] [ ] km

108

4 이현이와 효원이가 같은 지점에서 동시에 출발하여 반대 방향으로 걸었어요. 이현이는 10분에 650m의 빠르기로, 효원이는 10분에 780m의 빠르기로 걸었다면 50분 후에 벌어진 거리는 몇 km일까요? 물음에 답하세요.

❶ 50분 동안 이현이가 걸은 거리는 몇 km 몇 m인지 식을 세워 구해 보세요.

식

km m

❷ 50분 동안 효원이가 걸은 거리는 몇 km 몇 m인지 식을 세워 구해 보세요.

식

km m

❸ 50분 후에 이현이와 효원이 사이의 거리는 몇 km 몇 m인지 식을 세워 구해 보세요.

식

km m

답을 구하고 해석해요

1 몸 안에서 발생하는 에너지의 양을 '열량'이라고 합니다. 열량의 단위는 cal(칼로리)와 kcal(킬로칼로리)입니다. 연우와 시우가 먹은 음식의 열량을 구하고 빈칸에 알맞은 답을 써 넣어 보세요.

컵라면	피자	떡볶이	김밥	닭꼬치
290kcal	87kcal	135kcal	450kcal	95kcal

연우

컵라면 1개
피자 2조각
김밥 1줄

시우

떡볶이 2접시
김밥 1줄
닭꼬치 3개

☐ Kcal   ☐ Kcal

☐ 가 먹은 음식의 열량이 ☐ 보다

☐ Kcal 더 많습니다.

2 다운, 지호, 태연이는 각자의 저금통에 동전을 모았어요. 금액이 가장 큰 친구부터 차례대로 이름을 써 보세요.

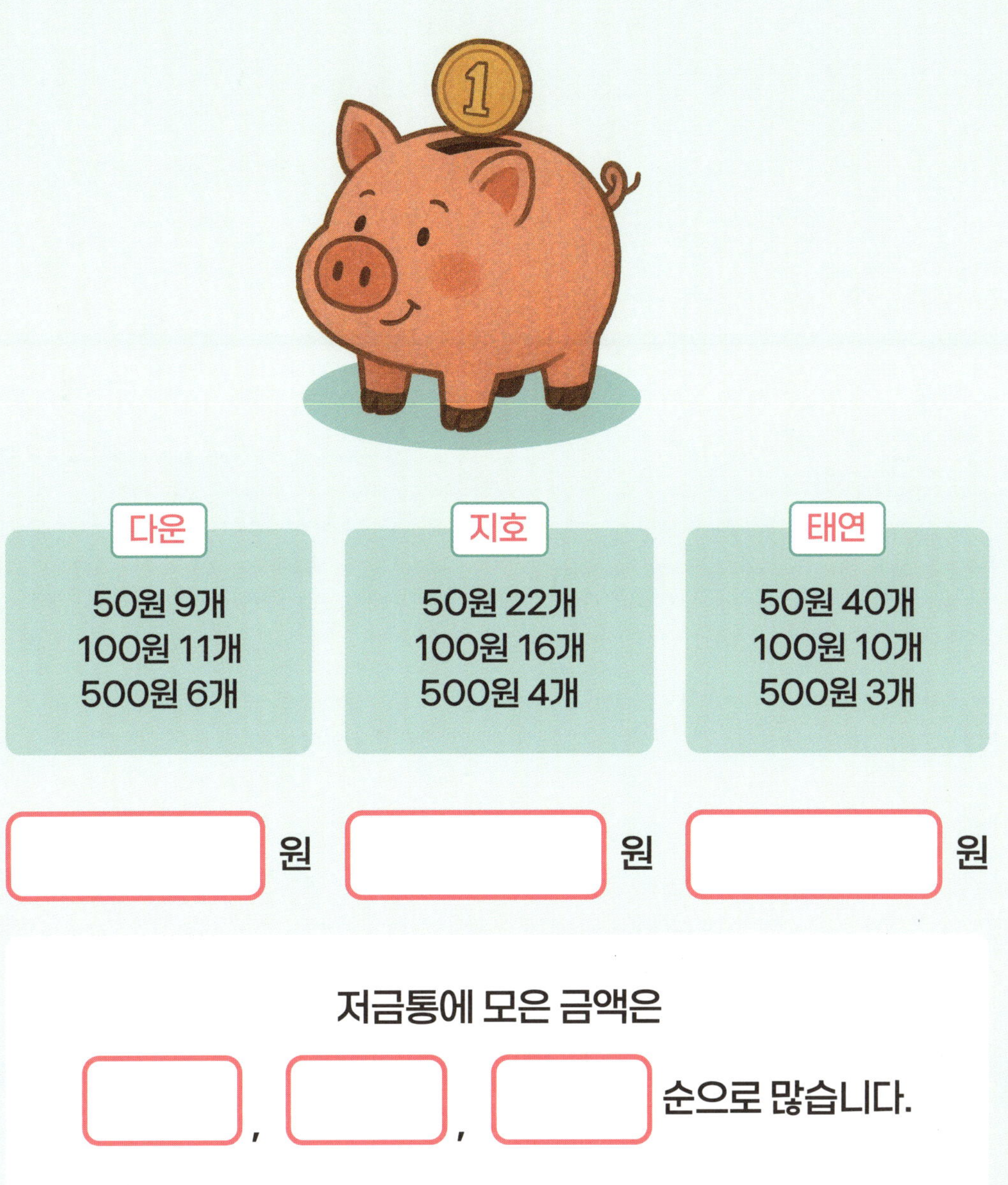

다운	지호	태연
50원 9개 100원 11개 500원 6개	50원 22개 100원 16개 500원 4개	50원 40개 100원 10개 500원 3개

⬚ 원　　⬚ 원　　⬚ 원

저금통에 모은 금액은

⬚ , ⬚ , ⬚ 순으로 많습니다.

❷ 그림을 그려 해결해요

그림을 그려 답을 구해요

1 민주네 반 학생 중에 하루에 핸드폰을 1시간보다 적게 사용하는 학생은 전체의 $\frac{2}{4}$이고, 1시간보다 많이 사용하는 학생은 $\frac{1}{4}$입니다. 나머지 학생은 핸드폰을 전혀 사용하지 않는다고 합니다. 물음에 답하세요.

❶ 위의 설명에 맞게 그린 그림을 골라 ○표 해 보세요.

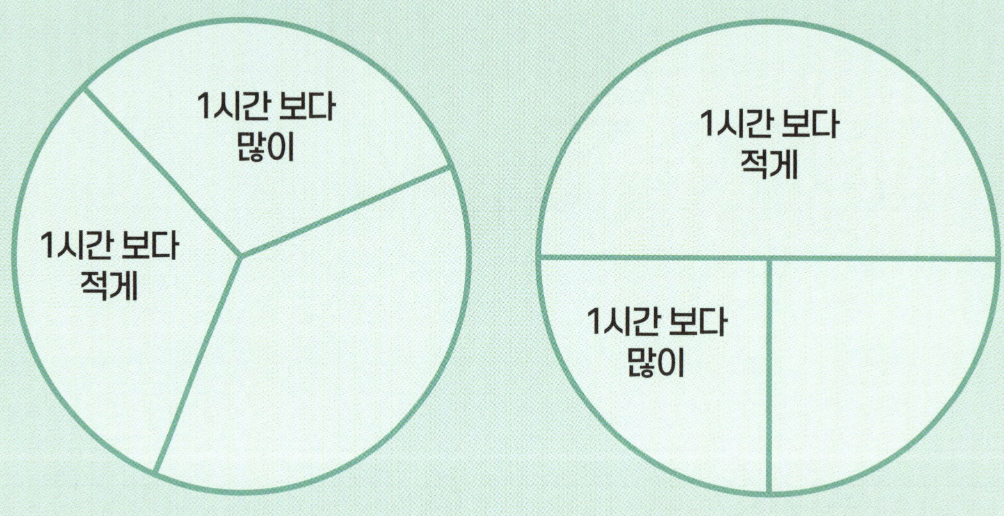

❷ 위의 그림 중에 맞는 그림을 이용해서 핸드폰을 전혀 사용하지 않는 학생은 몇 분의 몇인지 구해 보세요.

2 체육대회에서 피구에 참가한 학생은 $\frac{1}{8}$이고, 축구에 참가한 학생은 $\frac{4}{8}$입니다. 나머지 학생은 응원을 하였어요. 물음에 답하세요.

❶ 응원을 한 학생은 전체의 몇 분의 몇인지 그림을 그려 구해 보세요.

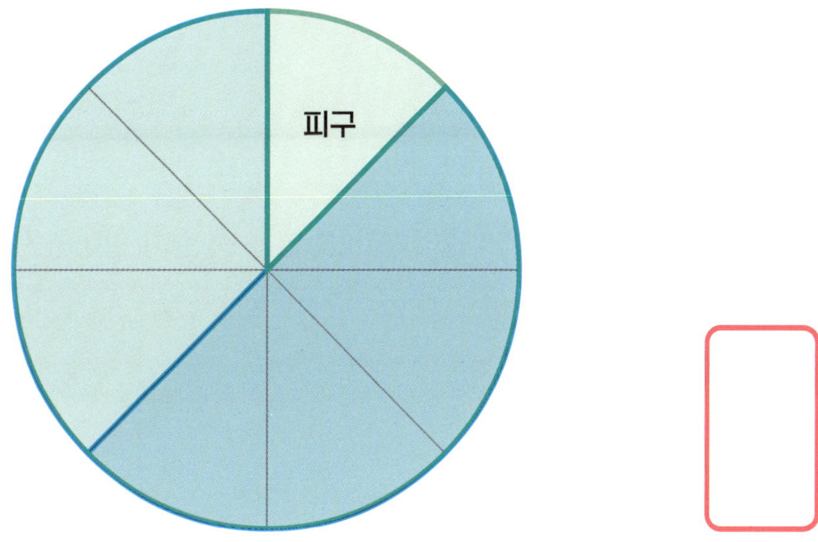

❷ 피구에 참가한 학생이 4명이라면, 응원을 한 학생은 몇 명인지 위의 그림을 이용하여 구해 보세요.

 명

순서대로 그림을 그려요

1 다음은 서원이의 일기입니다. 물음에 답하세요.

ㅇ월 ㅇ일 ㅇ요일   날씨 : 맑음

어제 받은 용돈의 $\frac{1}{2}$을 내가 정말 갖고 싶었던 포토 카드를 사는 데 써버렸다.

그리고 남은 돈의 $\frac{2}{3}$는 친구들과 과자를 사 먹었다.

이제 남은 돈은 500원뿐이다.

❶ 사각형을 이용하여 서원이가 어제 받은 용돈이 얼마인지 구해 보세요.

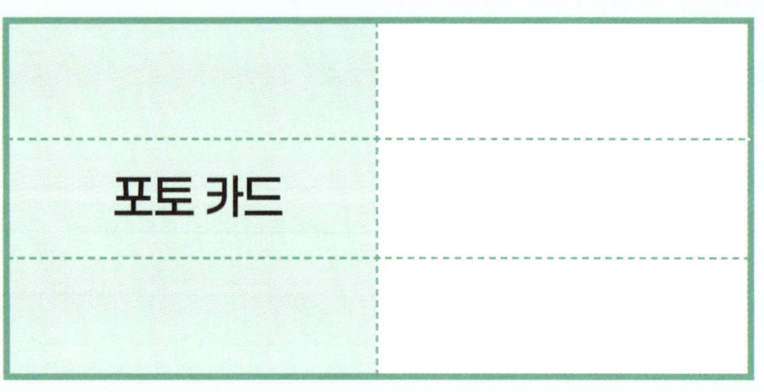

원

❷ 수직선을 이용하여 서원이가 어제 받은 용돈이 얼마인지 구해 보세요.

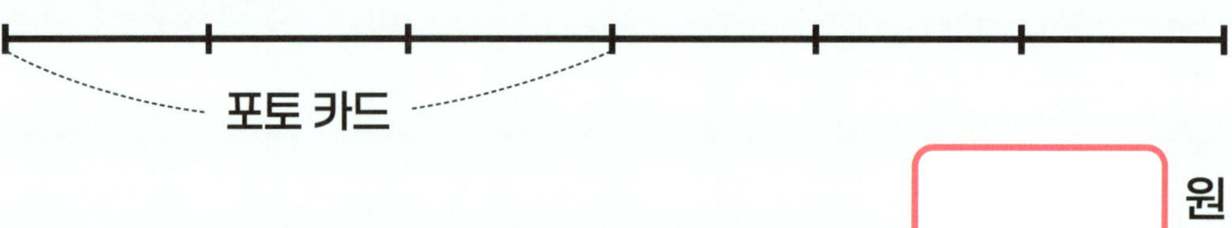

원

2　지우와 시윤이가 동화책을 한 권씩 읽고 있어요. 물음에 답하세요.

▶ 지우는 지난주까지 책의 $\frac{1}{2}$을 읽었어요. 이번 주에는 나머지의 $\frac{3}{4}$을 읽었더니 14쪽이 남았어요.

▶ 시윤이는 어제까지 책의 $\frac{1}{3}$을 읽었어요. 오늘은 나머지의 $\frac{1}{4}$을 읽었더니 36쪽이 남았어요.

❶　사각형을 이용하여 지우의 동화책은 모두 몇 쪽인지 구해 보세요.

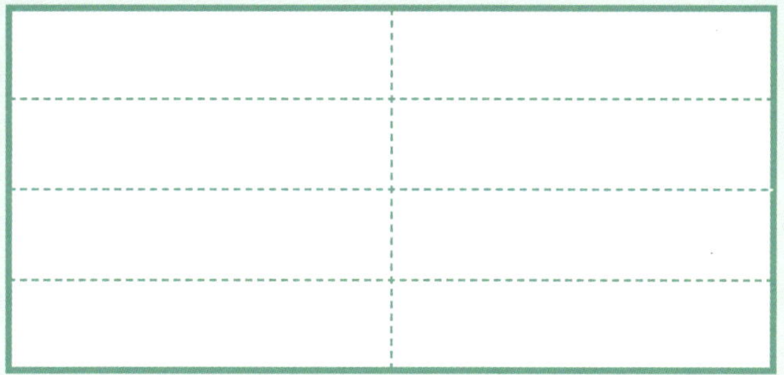

 쪽

❷　수직선을 이용하여 시윤이의 동화책은 모두 몇 쪽인지 구해 보세요.

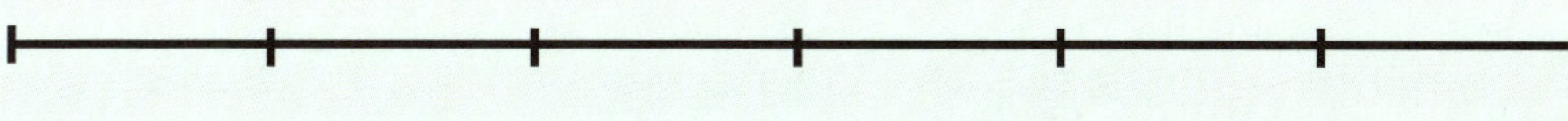

 쪽

3 이수네 가족의 몸무게와 나이를 구하려고 합니다. 물음에 답하세요.

❶ 아버지의 몸무게는 이수의 몸무게의 4배이고 두 사람의 몸무게 차는 63 kg입니다. 사각형을 이용하여 이수의 몸무게와 아버지의 몸무게를 다음과 같이 나타낼 때 빈칸에 알맞은 수를 써 보세요.

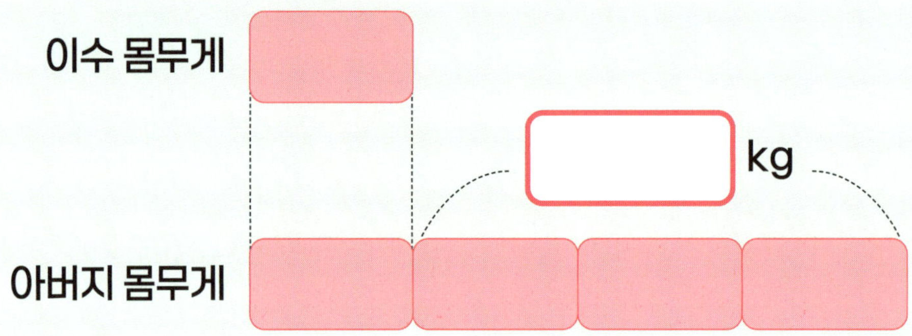

❷ 이수의 몸무게는 몇 kg인지 구해 보세요.

❸ 아버지의 몸무게는 몇 kg인지 구해 보세요.

4 어머니의 몸무게는 이수 동생의 몸무게의 3배보다 4kg이 더 많고 두 사람의 몸무게 차는 38kg입니다. 사각형을 이용하여 이수 동생의 몸무게와 어머니의 몸무게를 각각 구해 보세요.

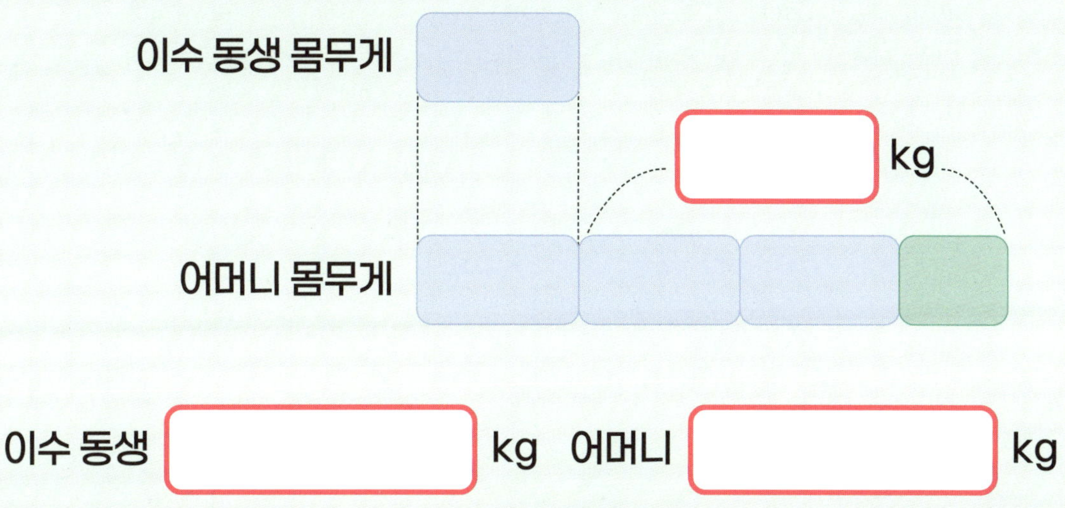

이수 동생 [ ] kg   어머니 [ ] kg

5 아버지와 이수 동생의 나이의 합과 어머니와 이수의 나이의 합이 같습니다. 이수네 가족의 나이를 모두 더하면 90세이고, 어머니의 나이는 이수의 나이의 4배일 때 수직선을 이용하여 어머니의 나이를 구해 보세요.

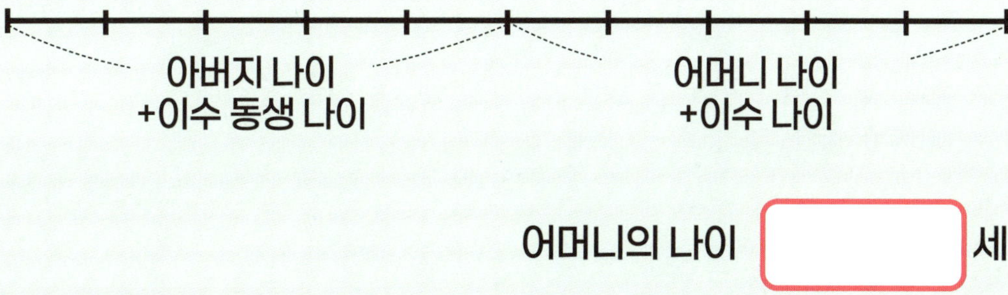

어머니의 나이 [ ] 세

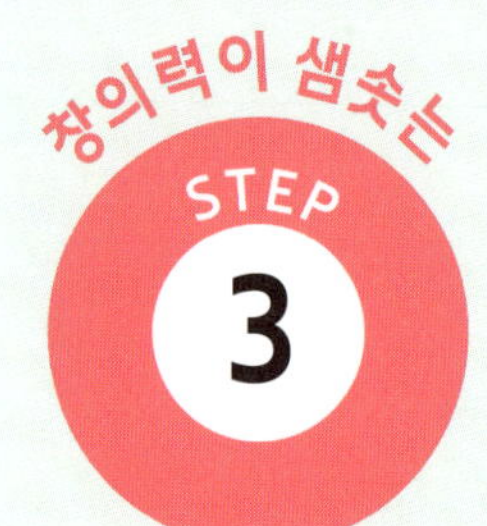

답을 구하고 해석해요

1 슬기네 반 학생 중에 참치 샌드위치를 좋아하는 학생은 전체의 $\frac{3}{8}$이고, 계란 샌드위치를 좋아하는 학생은 $\frac{1}{4}$입니다. 나머지 학생은 햄 샌드위치를 좋아한다고 합니다. 물음에 답하세요.

❶ 햄 샌드위치를 좋아하는 학생은 전체의 몇 분의 몇인지 원을 그려 구해 보세요.

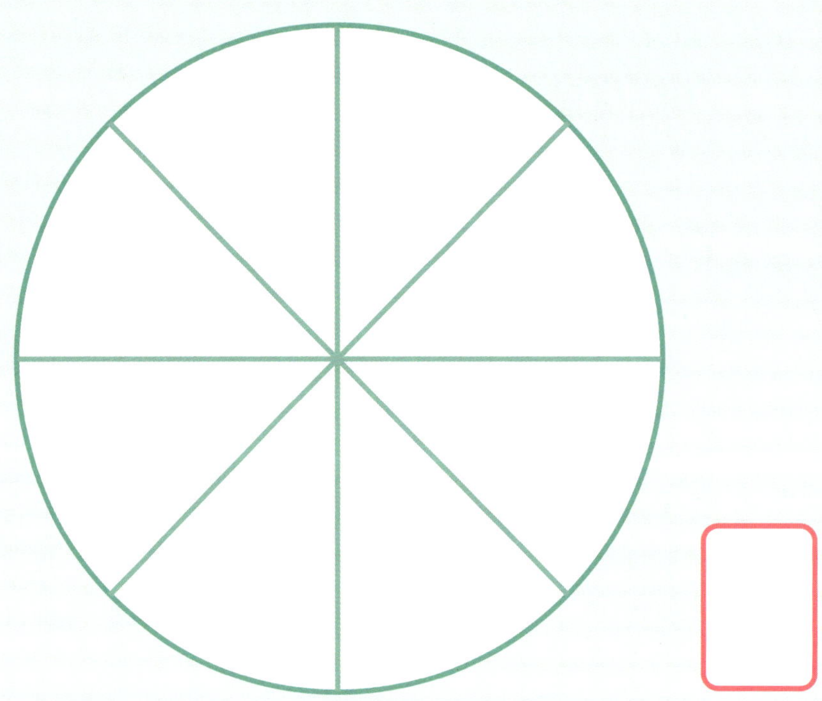

❷ 슬기네 반 학생이 모두 32명일 때 햄 샌드위치를 좋아하는 학생은 몇 명인지 구해 보세요.

명

2 연우네 반 학생 중에 봄을 좋아하는 학생은 전체의 $\frac{1}{12}$, 여름을 좋아하는 학생은 전체의 $\frac{1}{3}$, 가을을 좋아하는 학생은 전체의 $\frac{1}{6}$입니다. 나머지 학생은 겨울을 좋아한다고 할 때 물음에 답하세요.

❶ 겨울을 좋아하는 학생은 전체의 몇 분의 몇인지 사각형을 그려 구해 보세요.

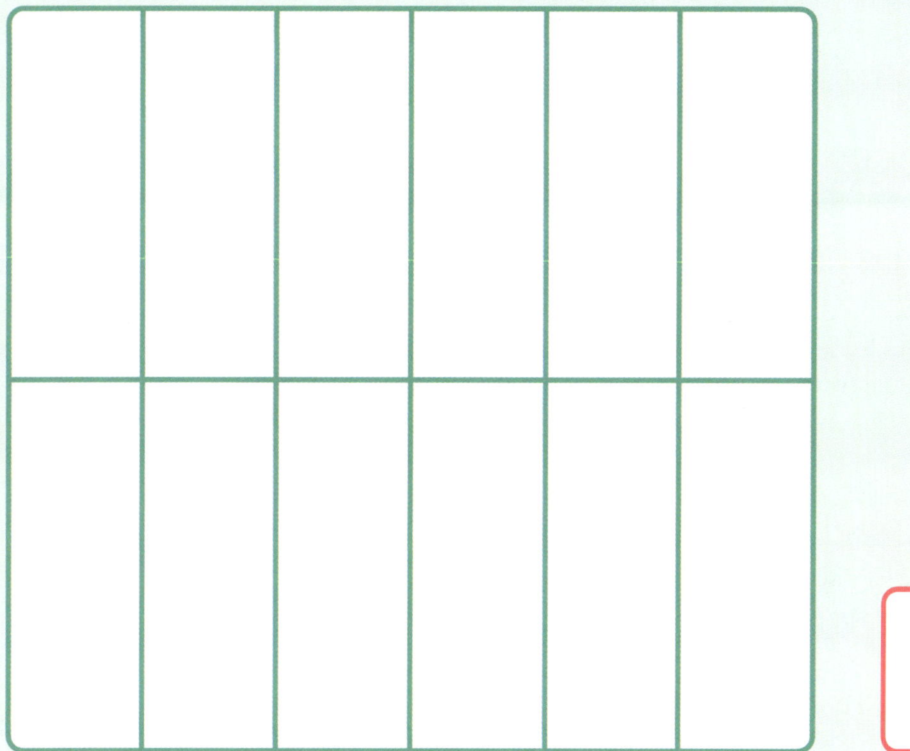

❷ 가장 많은 학생이 좋아하는 계절부터 차례대로 빈칸에 써 보세요.

❸ 표를 만들어 해결해요

표를 만들어 답을 구해요

1 지갑에 있는 50원짜리 동전과 100원짜리 동전을 모두 합하면 950원입니다. 50원짜리 동전이 100원짜리 동전보다 4개 더 많다면, 50원짜리 동전과 100원짜리 동전은 각각 몇 개인지 표를 이용하여 구해 보세요.

50원짜리 동전	5개	6개	7개	8개	9개
	250원	원	원	원	원
100원짜리 동전	1개	2개	3개	4개	5개
	100원	원	원	원	원
금액 합계	350원	원	원	원	원

2 농장에 있는 돼지와 닭의 다리를 모두 세어 보니 56개입니다. 닭이 돼지보다 10마리 더 많다고 할 때, 돼지와 닭은 각각 몇 마리씩 있는지 표를 이용하여 구해 보세요.

돼지	1마리	2마리	3마리	4마리	5마리	6마리
	4개	개	개	개	개	개
닭	11마리	12마리	13마리	14마리	15마리	16마리
	22개	개	개	개	개	개
다리 수 합계	26개	개	개	개	개	개

순서대로 표를 만들어요

1 도연이가 9200원으로 요구르트와 콜라를 합하여 13개를 샀더니 남은 돈이 하나도 없었어요. 물음에 답하세요.

❶ 요구르트 1개를 사고 콜라 12개를 산다면 필요한 돈은 얼마일까요?

원

❷ 요구르트 2개를 사고 콜라 11개를 산다면 필요한 돈은 얼마일까요?

원

❸ 표를 이용하여 요구르트와 콜라를 각각 몇 개씩 샀는지 구해 보세요.

요구르트(개)	1	2				
콜라(개)	12	11				
금액(원)						

2 은우가 슈퍼마켓에서 사탕과 젤리를 모두 8개 사고 17000원을 냈어요. 물음에 답하세요.

❶ 사탕을 7개 사고 젤리를 1개 산다면 내야 할 돈은 얼마입니까?

 원

❷ 사탕을 6개 사고 젤리를 2개 산다면 내야 할 돈은 얼마입니까?

 원

❸ 표를 이용하여 사탕과 젤리를 각각 몇 개씩 샀는지 구해 보세요.

사탕(개)	7	6			
젤리(개)	1	2			
금액(원)					

3 자전거 대여소에 일인용 자전거와 이인용 자전거는 모두 15대가 있고 자전거 의자마다 한 명씩 앉았을 때 모두 21명이 탈 수 있어요. 일인용 자전거와 이인용 자전거는 각각 몇 대씩 있는지 표를 이용하여 구해 보세요.

일인용 자전거(대)	14	13			
이인용 자전거(대)	1	2			
사람(명)					

4 학교 농구대회에서 지호네 반 선수들이 11번의 슛을 성공하여 25점을 얻었어요. 2점 슛과 3점 슛은 각각 몇 번씩 성공하였는지 표를 이용하여 구해 보세요.

2점 슛(번)	1	2				
3점 슛(번)	10	9				
점수(점)						

여러 경우를 표로 정리해요

1 편의점에서 삼각 김밥 10개를 사고 카드로 13000원을 결제했어요. 김치치즈 삼각 김밥과 참치마요 삼각 김밥은 각각 몇 개씩 샀는지 표를 이용하여 구해 보세요.

김치치즈 삼각 김밥(개)					
참치마요 삼각 김밥(개)					
금액(원)					

2 어른과 어린이 8명이 함께 야구장에 갔어요. 어른 입장권은 25000원이고 어린이 입장권은 5000원입니다. 8명의 입장권을 사는 데 120000원이 들었습니다. 어른과 어린이는 각각 몇 명인지 표를 이용하여 구해 보세요.

어른 입장권(장)						
어린이 입장권(장)						
금액(원)						

❹ 거꾸로 풀어 해결해요

거꾸로 풀어 답을 구해요

1 도연이 어머니께서 며칠 전부터 하루에 한 가지씩 도연이 생일파티를 준비하였어요. 물음에 답하세요.

1 도연이 어머니께서 생일파티를 위해 가장 먼저 하신 일부터 차례대로 빈칸에 번호를 써 보세요.

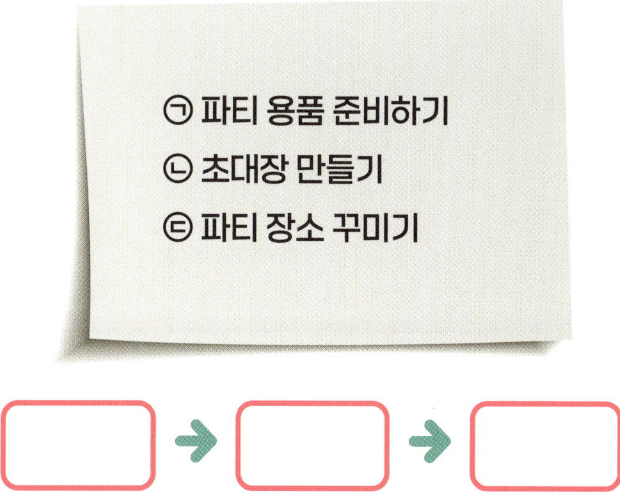

☐ → ☐ → ☐

2 도연이 어머니께서 생일 파티를 준비하는 데 모두 며칠이 걸렸나요?

☐ 일

3 오늘이 6월 9일이라면 도연이 어머니는 언제부터 도연이 생일 파티를 준비하셨는지 구해 보세요.

☐ 월 ☐ 일

순서대로 답을 거꾸로 구해요

1 동물원이 오전 9시에 개장하자마자 몇 명이 입장하고, 오전 11시에 179명이 더 입장하였어요. 오후 1시에는 268명이 빠져나가고 오후 4시에는 남아 있던 사람의 절반이 더 빠져나가 148명이 되었어요. 물음에 답하세요.

❶ 문제에서 알 수 있는 사실을 다음과 같이 정리했어요. 빈칸에 알맞은 수를 써 보세요.

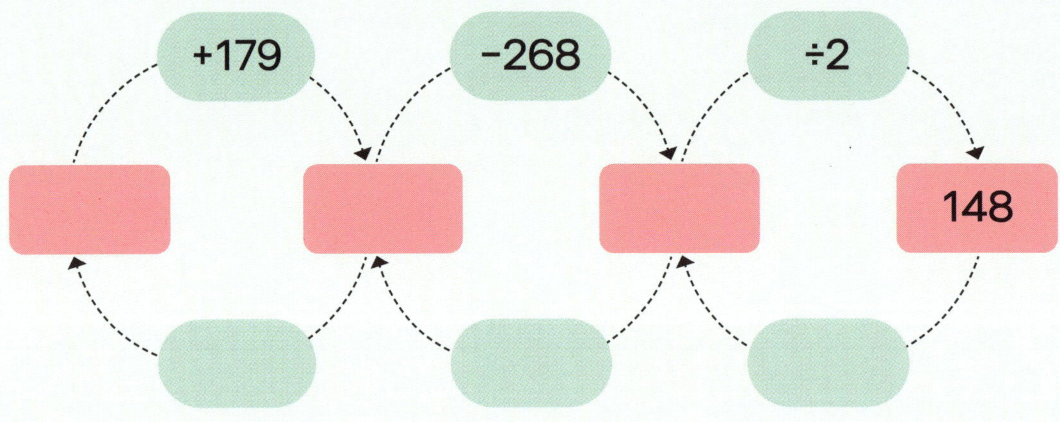

❷ 동물원이 오전 9시에 개장할 때 입장한 사람은 모두 몇 명인지 구해 보세요.

명

2 과자 공장에서 오전 6시에 과자를 굽기 시작했고, 오전 8시에는 6시에 구운 과자의 2배가 되었어요. 오전 10시에 8시에 세었던 과자의 2배가 되었고, 오전 11시에 123개가 더 구워져 623개가 되었어요. 물음에 답하세요.

❶ 문제에서 알 수 있는 사실을 다음과 같이 정리했어요. 빈칸에 알맞은 수를 써 보세요.

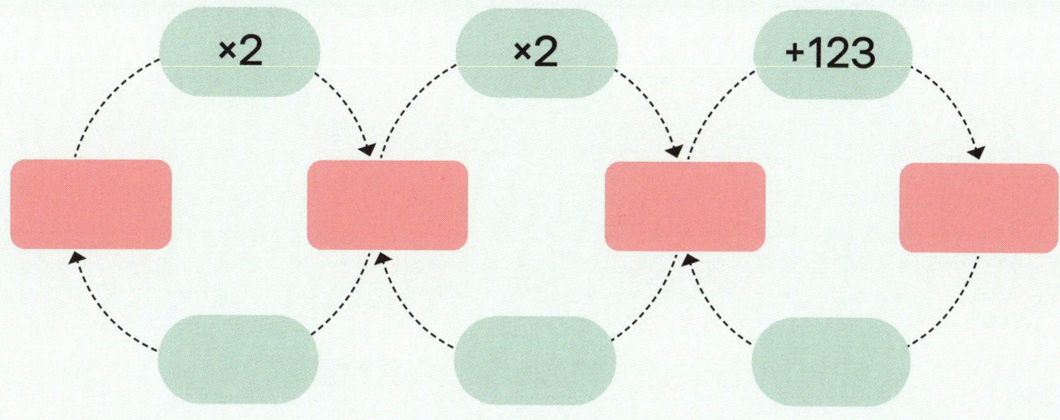

❷ 과자 공장에서 오전 6시에 만들어진 과자는 모두 몇 개인지 구해 보세요.

개

3 어머니께서 다음 레시피대로 잡채를 만들려고 합니다. 오후 6시 30분까지 잡채를 완성하려면 늦어도 몇 시 몇 분부터 요리를 시작해야 하는지 구해 보세요.

잡채 만들기

양파: 채썰어 볶기 **7분**

당근: 채썰어 볶기 **7분**

시금치: 데쳐서 양념하기 **15분**

소고기: 양념해서 볶기 **8분**

당면: 삶고 물기 빼기 **10분**

준비해 둔 목이버섯과 나머지 재료를 함께 넣어 볶아 줍니다. **8분**

오후 [ ] 시 [ ] 분

4 키가 서로 다른 5명의 친구들이 옆으로 나란히 서 있어요. 맨 왼쪽부터 혜빈, 준서, 보람, 민호, 세린의 순서로 서 있다면 혜빈이의 키는 몇 cm인지 구해 보세요.

① 혜빈이는 준서보다 5cm 작습니다.

② 준서는 보람이보다 4cm 큽니다.

③ 보람이는 민호보다 2cm 작습니다.

④ 민호는 세린이보다 1cm 작습니다.

⑤ 세린이의 키는 144cm입니다.

cm

답을 구하고 해석해요

1 선생님께서 운동회에 필요한 물건을 사기 위해 마트에 갔어요. 물음에 답하세요.

❶ 학생들에게 줄 간식으로 사탕을 샀어요. 사탕을 한 봉지에 5개씩 담아 23봉지를 만들고, 이어서 한 봉지에 7개씩 담아 19봉지를 만들었더니 사탕이 45개가 남았어요. 마트에서 사온 사탕은 모두 몇 개인지 구해 보세요.

개

2. 사탕 봉지를 포장하기 위한 리본도 샀어요. 처음에 114cm 8mm를 사용하고, 나중에 79cm 7mm를 더 사용했어요. 남은 리본이 33cm 2mm일 때 선생님이 산 리본의 길이는 몇 cm 몇 mm인지 구해 보세요.

cm

mm

3. 선생님은 마트에서 간식을 사는 데 5600원을 쓰고, 남은 돈의 절반으로 응원 도구를 샀어요. 마지막으로 리본을 사는데 2500원을 썼더니 1600원이 남았어요. 선생님이 처음에 갖고 있던 돈은 얼마인지 구해 보세요.

원

정답

1 수를 가지고 놀이해요

질문을 살피며 더하고 빼요

월   일

1 [보기]와 같이 질문을 읽고 'YES'에 맞는 공과 'NO'에 맞는 공을 바구니에 나누어 담으려고 합니다. 빈 공에 알맞은 수를 써 보세요.

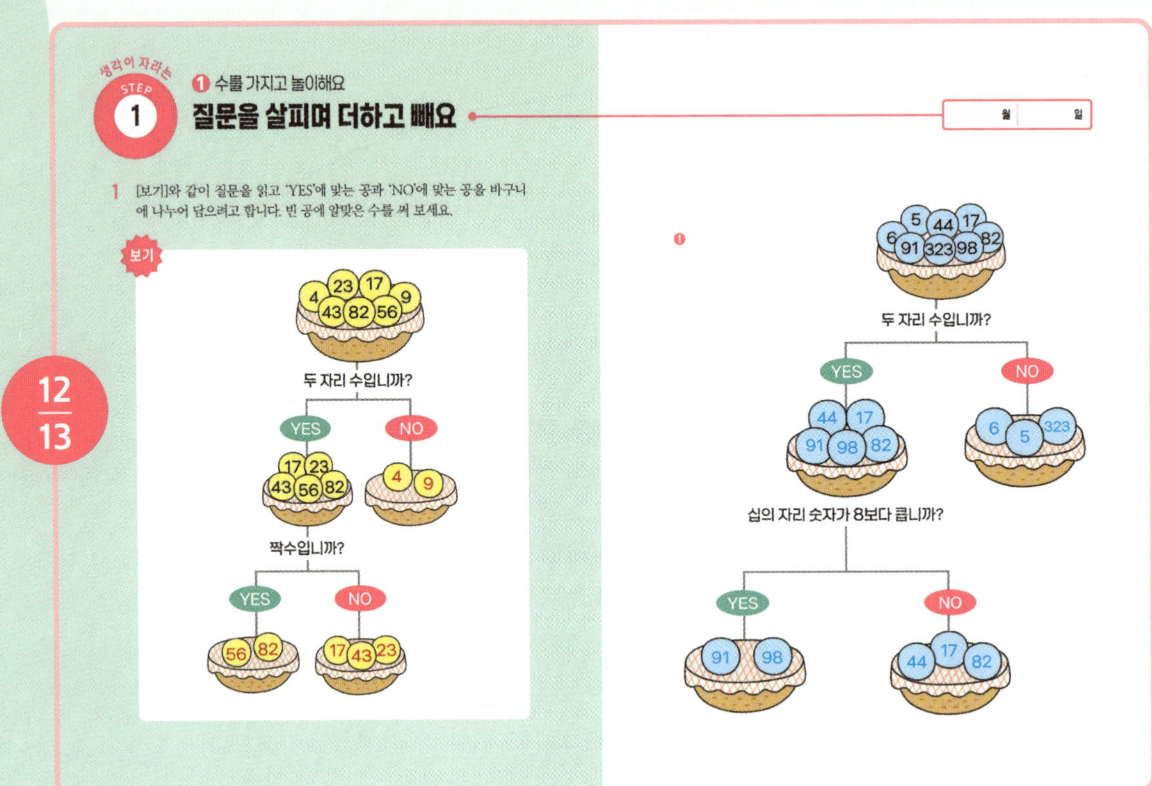

월   일

138

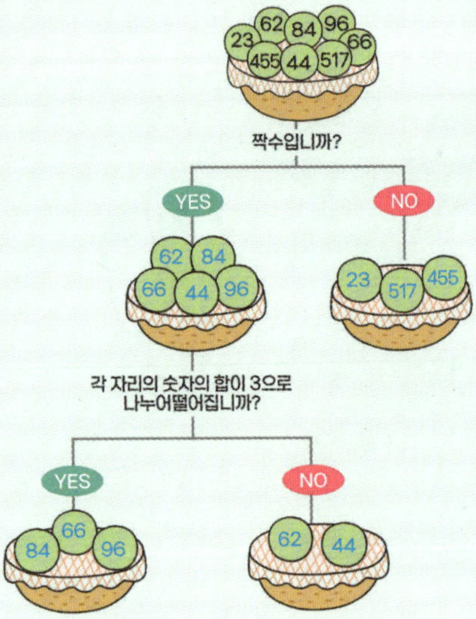

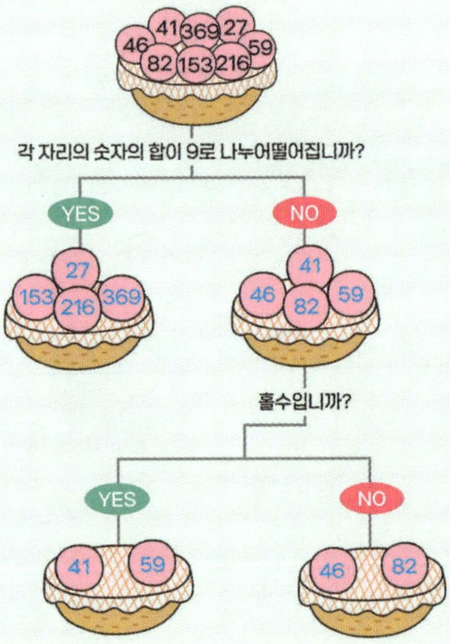

응용력이 커지는 STEP 2

규칙에 따라 셈하고 채워요

월 일

1 [보기]와 같이 주어진 수들을 모두 이용하여 흰색 빈칸에 알맞은 숫자를 써 보세요.

보기

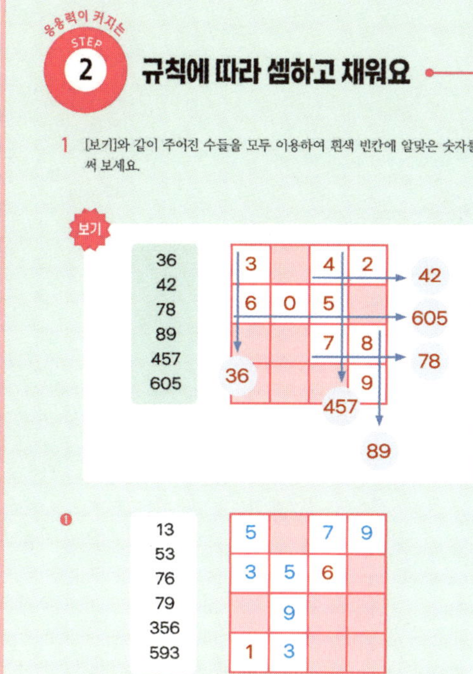

36
42
78
89
457
605

3		4	2
6	0	5	
		7	8
			9

42, 605, 78, 36, 457, 89

❶

13
53
76
79
356
593

5		7	9
3	5	6	
	9		
1	3		

❷

19 24
65 43
84 78
175 389
564 627
882

4		1	7	5
3	8	9		6
	8		2	4
6	2	7		
5		8	4	

❸

29 95
64 49
53 82
86 14
237 158
913 674
624

8	6		6	4
	2	3	7	
1	4		4	9
5				1
8	2		5	3
	9	5		

16
17

응용력이 커지는 STEP 2

월 일

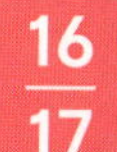

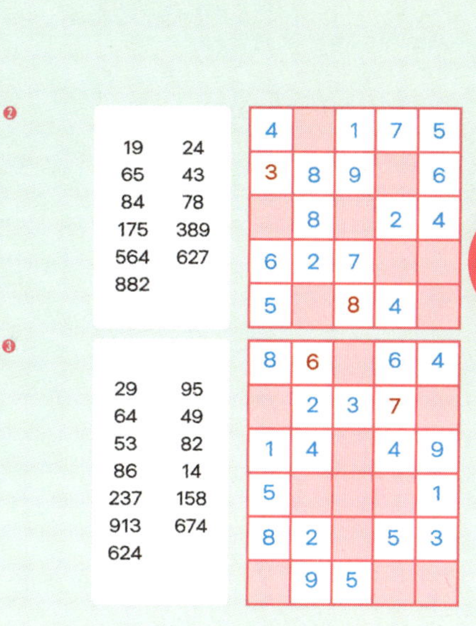

❹

24 87 52 456 107
817 6832 8943 4723 4578

	2	4				
		5			5	
		6	8	3	2	
			9			
	8		4	5	7	8
4	7	2	3			1
				1	0	7

2 설명에 맞는 네 자리 수를 찾아 빈칸에 알맞은 숫자를 써 보세요.

❶

▶ 3, 4, 7, 8로 이루어진 네 자리 수야.
▶ 천의 자리 숫자와 일의 자리 숫자는 짝수야.
▶ 천의 자리 숫자와 백의 자리 숫자의 합은 7이지.

4 3 7 8

❷

▶ 네 자리 수이고 2, 3, 6, 9로 이루어져 있어.
▶ 일의 자리 숫자는 짝수이고, 십의 자리 숫자는 3이야.
▶ 백의 자리 숫자와 십의 자리 숫자의 합은 9야.

9 6 3 2

18
19

수의 특징을 살피며 셈해요

월 　 일

1 101, 353, 1441과 같이 바로 읽으나 거꾸로 읽으나 같은 수를 대칭수라고 합니다. 물음에 답하세요.

❶ 300부터 360까지의 수 중에서 대칭수를 모두 찾아 보세요.

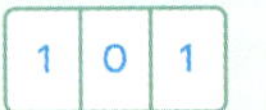

| 3 | 0 | 3 | | 3 | 1 | 3 | | 3 | 2 | 3 |

| 3 | 3 | 3 | | 3 | 4 | 3 | | 3 | 5 | 3 |

❷ 세 자리 대칭수 중에서 가장 작은 수와 가장 큰 수를 각각 찾아 보세요.

| 1 | 0 | 1 | 　 | 9 | 9 | 9 |

❸ 각 자리의 수의 합이 10이 되는 세 자리 대칭수를 모두 찾아 보세요.

| 1 | 8 | 1 | | 2 | 6 | 2 | | 3 | 4 | 3 |

| 4 | 2 | 4 | | 5 | 0 | 5 |

2 오후 1시는 13시, 오후 2시는 14시로 나타내는 전자시계의 시각을 세 자리 수 또는 네 자리 수로 나타내려고 합니다. 물음에 답하세요.

보기

| 05:35 | 08:08 | 23:32 |
| 535 | 808 | 2332 |

❶ 오전 4시부터 오전 5시까지의 시각을 [보기]와 같이 나타낼 때 대칭수가 되는 경우는 모두 몇 번인지 구해 보세요.

404, 414, 424,
434, 444, 454

6 번

❷ 오후 8시부터 오후 10시까지의 시각을 [보기]와 같이 나타낼 때 대칭수가 되는 경우는 모두 몇 번인지 구해 보세요.

2002, 2112

2 번

❷ 더하고 빼고

이웃한 수를 더하고 빼요

월 　 일

1 [보기]와 같이 이웃한 두 수를 더하면 바로 위의 수가 되도록 벽돌을 쌓아 올려 덧셈 피라미드를 만들어요. 빈칸에 알맞은 수를 써 보세요.

보기

❶

❷

❸

2 저울이 수평을 이루도록 양쪽 접시에 있는 쿠키의 무게가 서로 같아야 해요. [보기]와 같이 빈칸에 알맞은 수를 써 보세요.

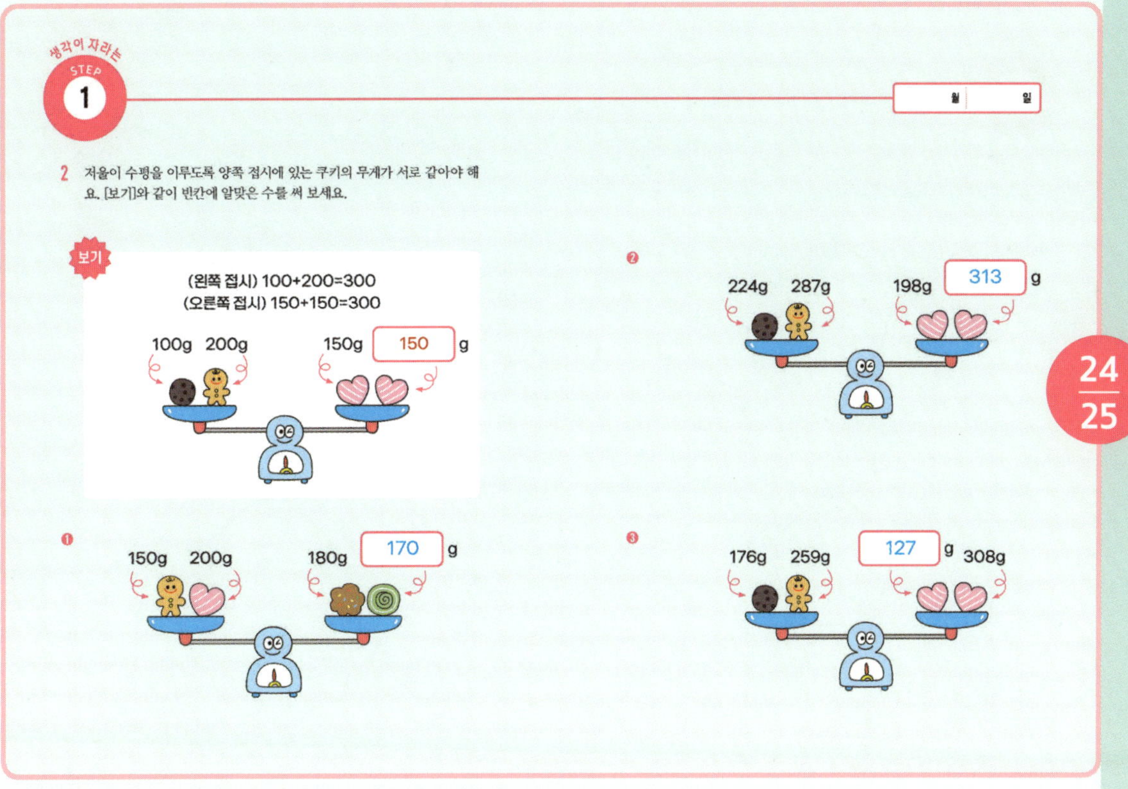

24/25

1 하나의 원 안에 있는 수들의 합이 🏠 안의 수와 같을 때, 빈 곳에 알맞은 수를 써 보세요.

26/27

응용력이 커지는 STEP 2

월 일

28
29

2 5장의 동그라미 카드를 한 번씩 이용하여 ⬠ 안의 수가 되도록 식을 만들려고 합니다. 식을 완성해 보세요.

❶ (예)

30 + 80 − 70 = 40

❷ (예)

40 + 90 − 60 = 70

❸ (예)

83 + 38 − 56 = 65

❹ (예)

94 + 64 − 59 = 99

응용력이 커지는 STEP 2

월 일

30
31

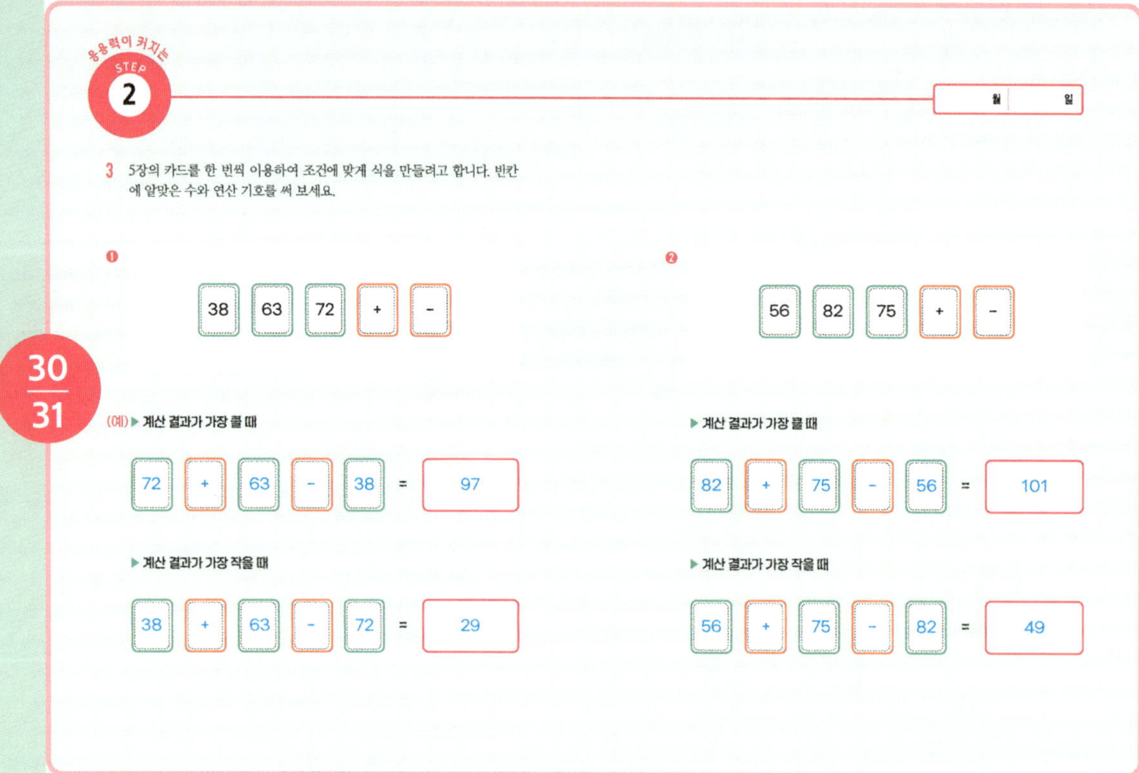

3 5장의 카드를 한 번씩 이용하여 조건에 맞게 식을 만들려고 합니다. 빈칸에 알맞은 수와 연산 기호를 써 보세요.

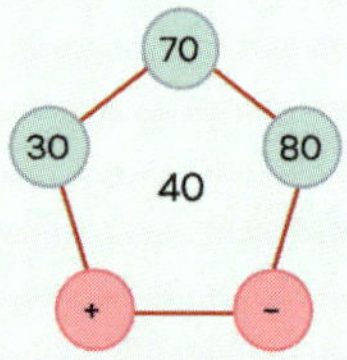

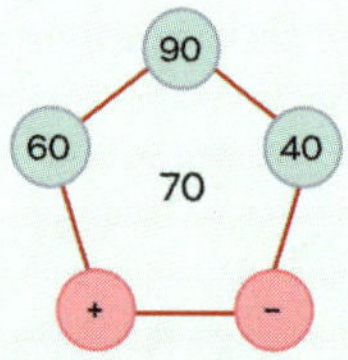

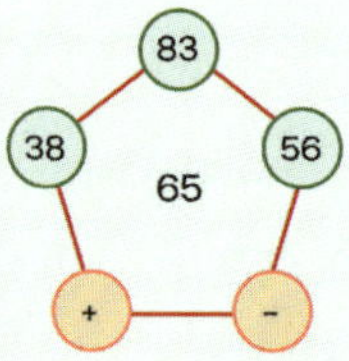

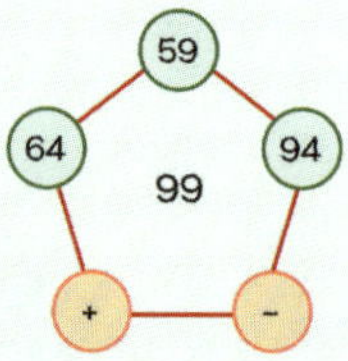

❶

38 63 72 + −

(예) ▶ 계산 결과가 가장 클 때

72 + 63 − 38 = 97

▶ 계산 결과가 가장 작을 때

38 + 63 − 72 = 29

❷

56 82 75 + −

▶ 계산 결과가 가장 클 때

82 + 75 − 56 = 101

▶ 계산 결과가 가장 작을 때

56 + 75 − 82 = 49

STEP 3 — 규칙에 따라 더하고 빼요

월 일

1 다음 덧셈식의 빈칸에 알맞은 수를 쓰고 물음에 답하세요.

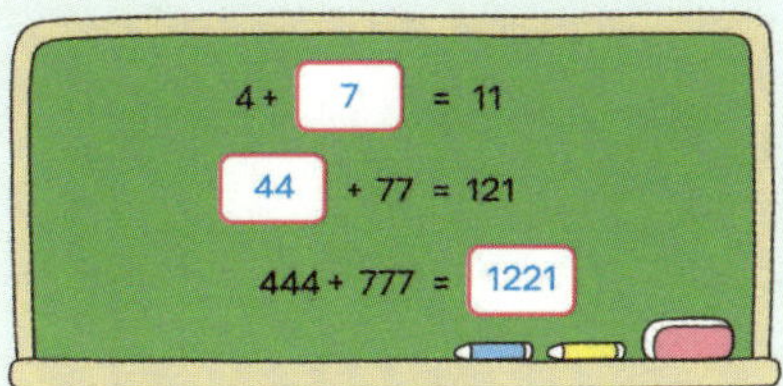

❶ 덧셈식의 규칙을 찾아 다음 덧셈식의 결과를 예상해 빈칸에 써 보세요. 그리고 실제로 계산해서 예상한 답과 맞는지 확인해 보세요.

4444 + 7777 = 12221

❷ 규칙을 이용하여 다음 덧셈식의 결과를 빈칸에 써 보세요.

4444444 + 7777777 = 12222221

2 다음 뺄셈식의 빈칸에 알맞은 수를 쓰고 물음에 답하세요.

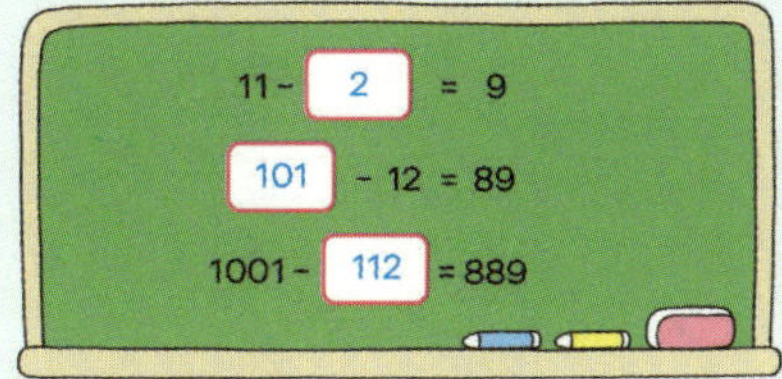

❶ 뺄셈식의 규칙을 찾아 다음 뺄셈식의 결과를 예상해 빈칸에 써 보세요. 그리고 실제로 계산해서 예상한 답과 맞는지 확인해 보세요.

10001 - 1112 = 8889

❷ 규칙을 이용하여 다음 뺄셈식의 결과를 빈칸에 써 보세요.

10000001 - 1111112 = 8888889

32 / 33

---

❸ 곱하고 나누고

STEP 1 — 곱셈식을 완성해요

월 일

1 숫자 카드 3 , 4 , 6 을 한 번씩만 이용하여 만들 수 있는 곱셈식 중 계산 결과가 가장 클 때의 곱셈식과 가장 작을 때의 곱셈식을 찾아 보세요.

계산 결과가 가장 클 때   43×6=258

계산 결과가 가장 작을 때   46×3=138

2 숫자 카드 2 , 7 , 9 를 한 번씩만 이용하여 만들 수 있는 곱셈식 중 계산 결과가 가장 클 때와 가장 작을 때의 곱셈식을 찾아 보세요.

▶ 계산 결과가 가장 클 때

7 2
× 9
6 4 8

▶ 계산 결과가 가장 작을 때

7 9
× 2
1 5 8

3 숫자 카드 3 , 5 , 6 , 8 을 한 번씩만 이용하여 만들 수 있는 곱셈식 중 계산 결과가 가장 클 때와 가장 작을 때의 곱셈식을 찾아 보세요.

▶ 계산 결과가 가장 클 때

6 5 3
× 8
5 2 2 4

▶ 계산 결과가 가장 작을 때

5 6 8
× 3
1 7 0 4

34 / 35

생각이 자라는 STEP 1

월 일

36 37

4 □ 안의 수로 나누어떨어지는 수가 있는 칸을 모두 색칠해 보세요.

❶ 2

19	23	**22**	**16**	3
7	**38**	15	**28**	39
46	75	41	**14**	**134**
27	**34**	5	**56**	71
13	65	**32**	**12**	9

❷ 5

85	**45**	**15**	**55**	36
35	12	29	52	**40**
30	**10**	**70**	**95**	28
20	9	47	39	**75**
65	**50**	**25**	**5**	14

❸ 3

13	**84**	**15**	26	**93**	**12**
36	98	65	**57**	76	67
72	44	8	41	17	53
51	5	91	85	71	47
28	**63**	38	55	7	**99**
62	74	**18**	29	**81**	14

❹ 7

37	62	11	57	100	**28**
13	**7**	**140**	**147**	41	83
69	**210**	**84**	**35**	68	9
350	12	55	47	**56**	**91**
29	75	**14**	90	53	**70**
16	**77**	**280**	**49**	15	45

응용력이 커지는 STEP 2

곱하고 나누어 빈칸을 채워요

월 일

38 39

1 벌레가 나뭇잎을 갉아 먹어 곱셈식에 빈칸이 생겼어요. 빈칸에 들어갈 알맞은 수를 써 보세요.

❶

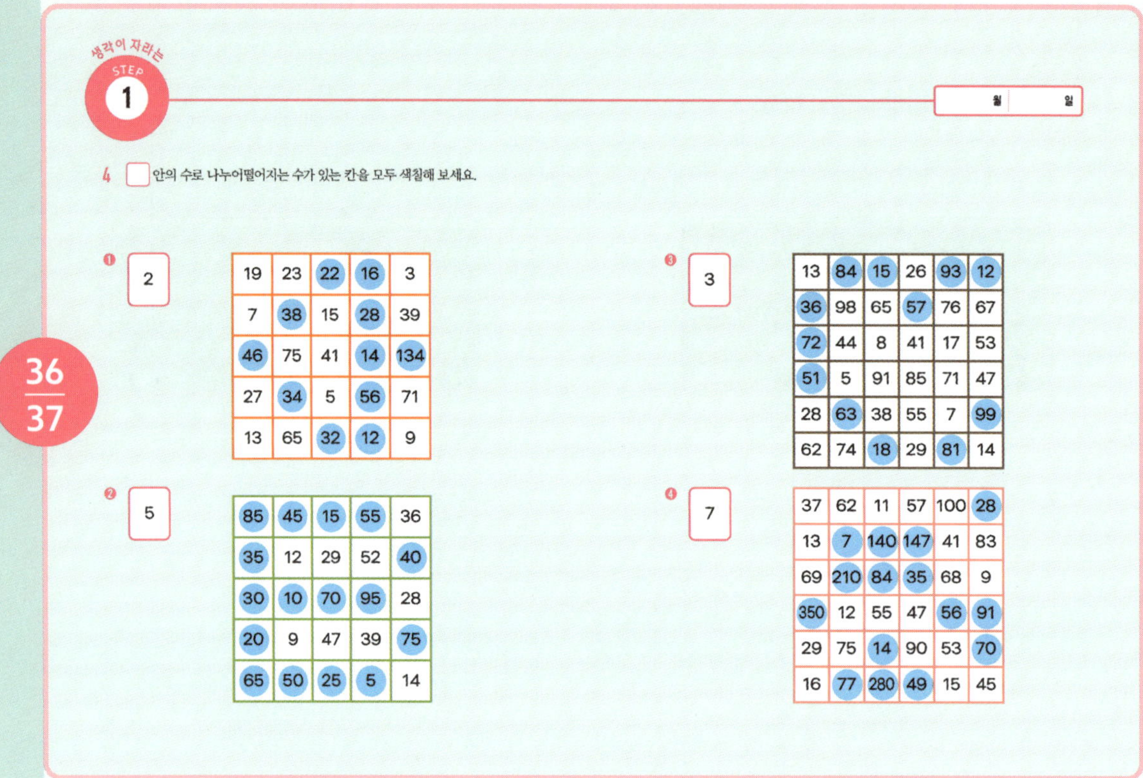

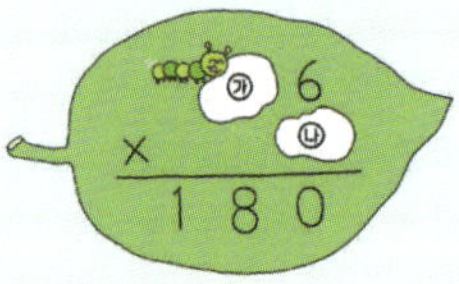

㉮ 3 ㉯ 5

❸

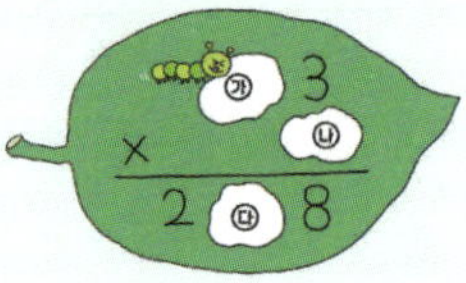

㉮ 4 ㉯ 6 ㉰ 5

❷

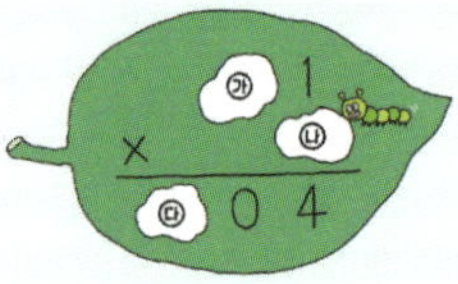

㉮ 5 ㉯ 4 ㉰ 2

❹

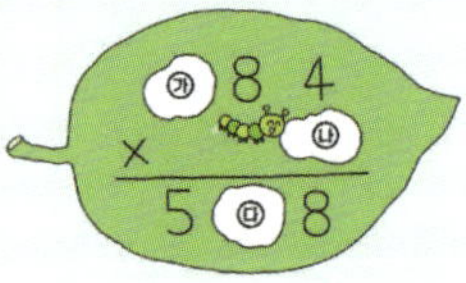

㉮ 2 ㉯ 2 ㉰ 6

2 [보기]와 같이 주어진 나눗셈을 모두 계산하여 몫과 나머지가 만나는 칸을
찾아 알맞게 색칠해 보세요.

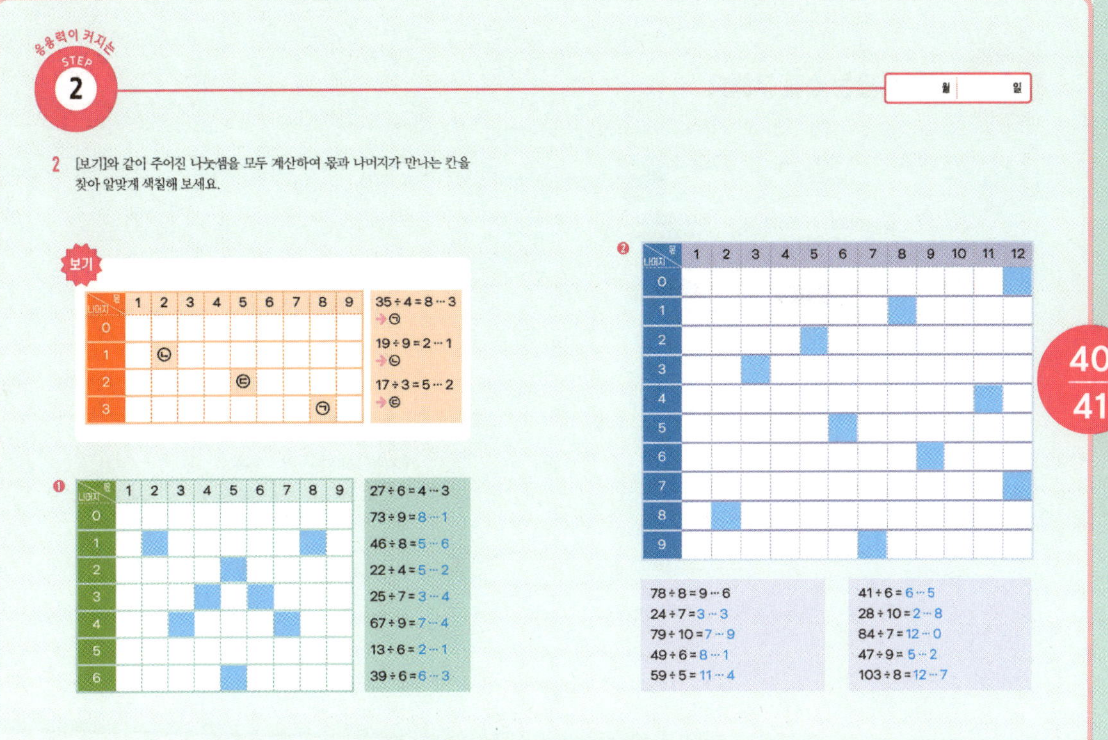

응용력이 커지는
STEP
2

월 일

3 [보기]와 같이 도미노 카드를 이용하여 퍼즐을 해결해 보세요.

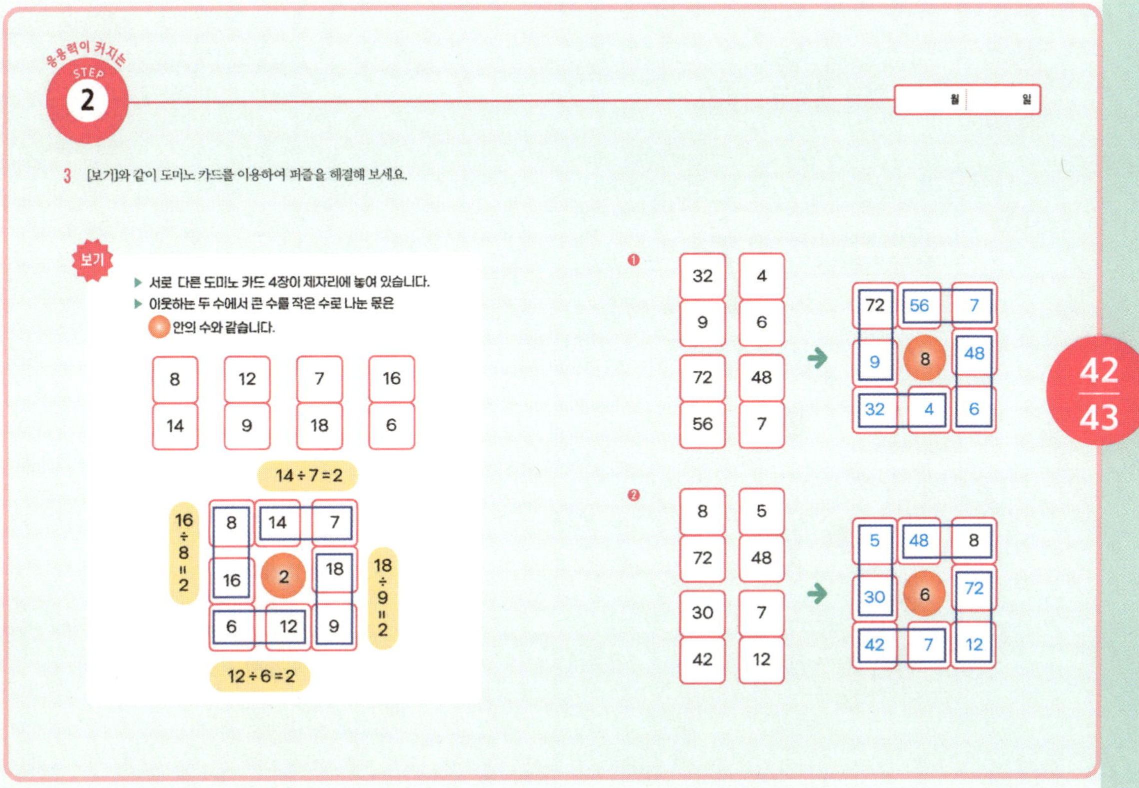

STEP 3 · 설명에 맞는 수를 구해요

<table><tr><td>월</td><td>일</td></tr></table>

1 카드에 적힌 수를 보고 세 명의 학생이 다음과 같이 말했어요. 물음에 답하세요.

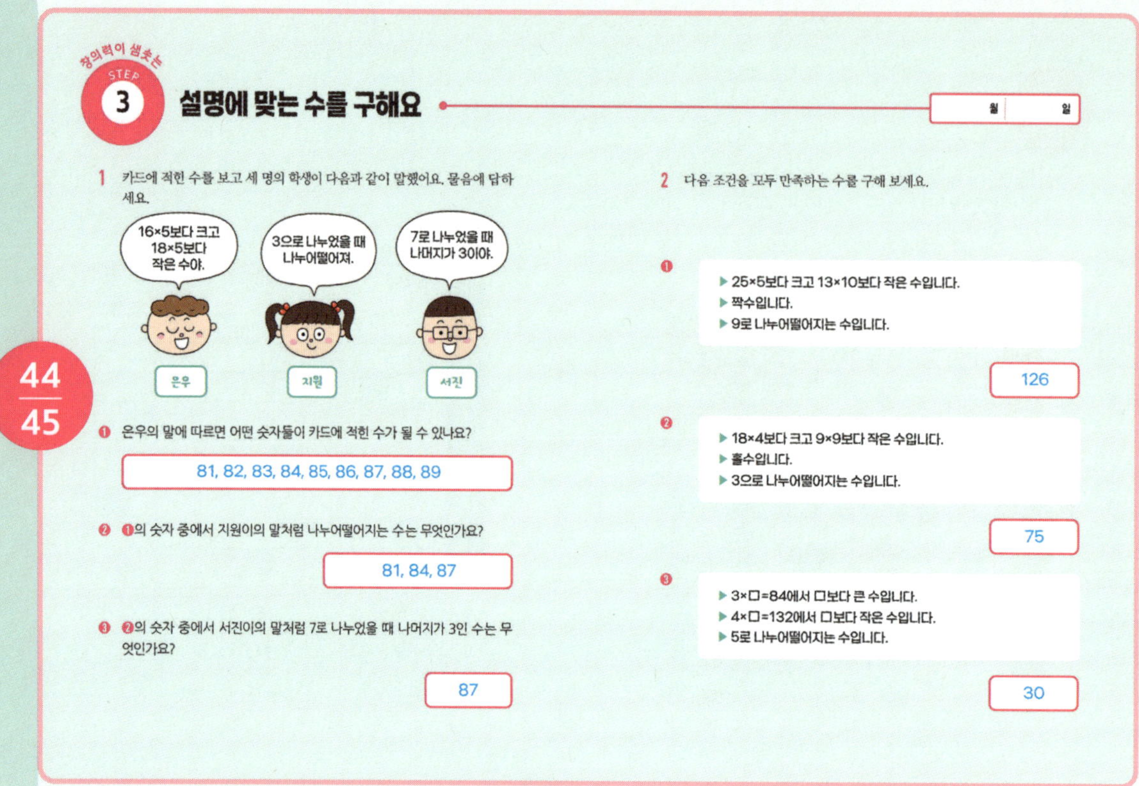

1 은우의 말에 따르면 어떤 숫자들이 카드에 적힌 수가 될 수 있나요?

81, 82, 83, 84, 85, 86, 87, 88, 89

2 **1**의 숫자 중에서 지원이의 말처럼 나누어떨어지는 수는 무엇인가요?

81, 84, 87

3 **2**의 숫자 중에서 서진이의 말처럼 7로 나누었을 때 나머지가 3인 수는 무엇인가요?

87

2 다음 조건을 모두 만족하는 수를 구해 보세요.

1
▶ 25×5보다 크고 13×10보다 작은 수입니다.
▶ 짝수입니다.
▶ 9로 나누어떨어지는 수입니다.

126

2
▶ 18×4보다 크고 9×9보다 작은 수입니다.
▶ 홀수입니다.
▶ 3으로 나누어떨어지는 수입니다.

75

3
▶ 3×□=84에서 □보다 큰 수입니다.
▶ 4×□=132에서 □보다 작은 수입니다.
▶ 5로 나누어떨어지는 수입니다.

30

STEP 1 · ④ 더하고 빼고 곱하고 나누고

더하고 빼고 곱하고 나눠요

<table><tr><td>월</td><td>일</td></tr></table>

1 [보기]와 같이 덧셈 뺄셈 하트 퍼즐을 해결해 보세요.

보기
▶ 같은 색깔의 하트가 만나면 두 수의 합을 구해요.
▶ 다른 색깔의 하트가 만나면 두 수의 차를 구해요.

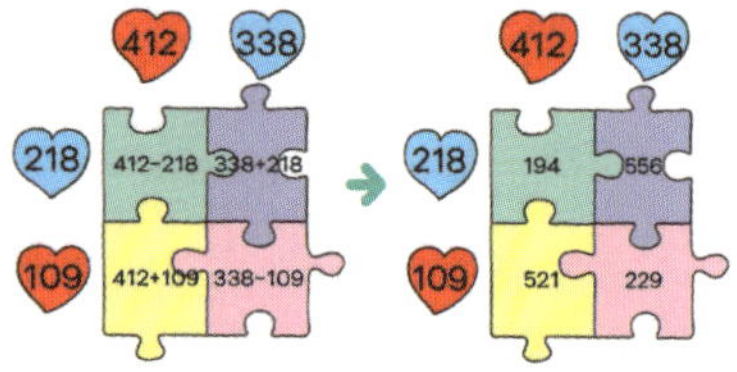

1

2

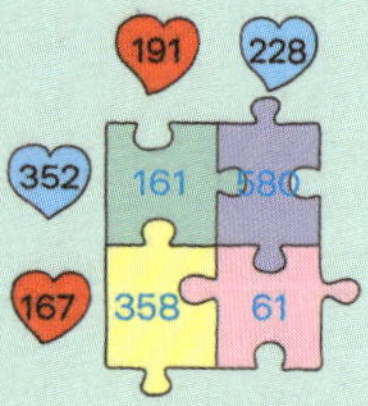

3

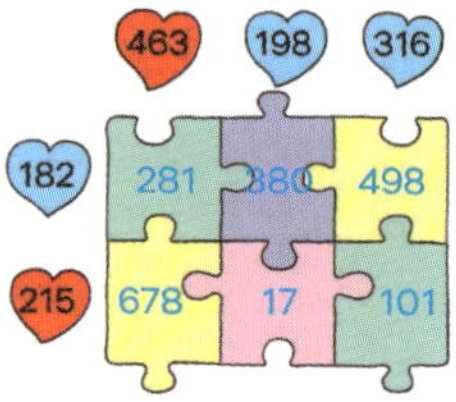

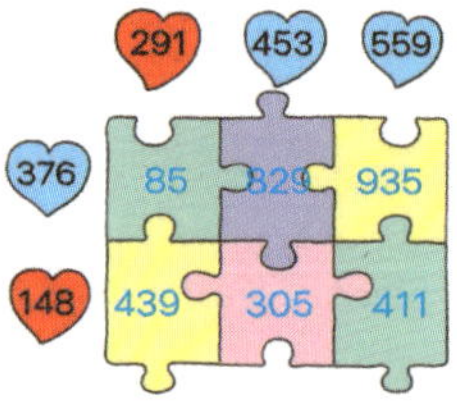

생각이 자라는
STEP
1
월   일

2 [보기]와 같이 곱셈 나눗셈 하트 퍼즐을 해결하려고 합니다. 빈칸에 알맞은
   수를 써 보세요.

보기
▶ 같은 색깔의 하트가 만나면 두 수의 곱을 구해요.
▶ 다른 색깔의 하트가 만나면 큰 수를 작은 수로 나눈 몫을 구해요.

30   3
6   30÷6   3×6
24   30×24   24÷3

30   3
6   5   18
24   720   8

❶
48   4
8   6   32
20   960   5

❷
84   72   96
7   12   504   672
8   672   9   12

❸
78   102   126
6   13   17   756
9   702   918   14

48
49

응용력이 커지는
STEP
2
규칙에 따라 빈칸을 채워요   월   일

1 [보기]에 맞게 연산 사다리 퍼즐을 해결하려고 합니다. 빈칸에 알맞은 수를
   써 보세요.

보기
▶ 세로선을 따라 내려오다가 가로선을 만나면 가로선에 달린 [ ] 에
  맞게 연산을 해요.
▶ 규칙에 따라 도착하는 빈 구름 안에 연산 결과를 써넣어요.

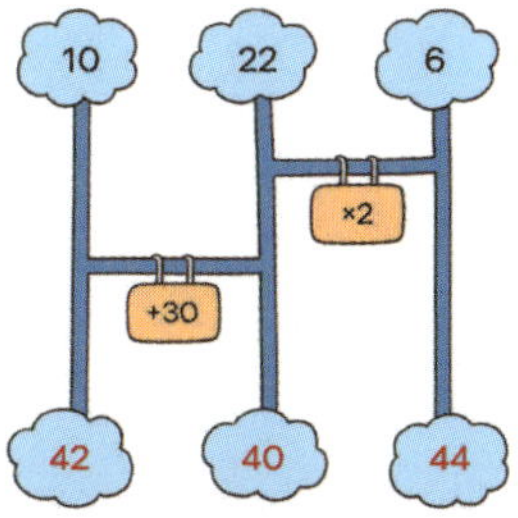

10   22   6
×2
+30
42   40   44

6×2+30=42   10+30=40   22×2=44

❶
136   317   450
+430   +275
+459
1184   1206   841

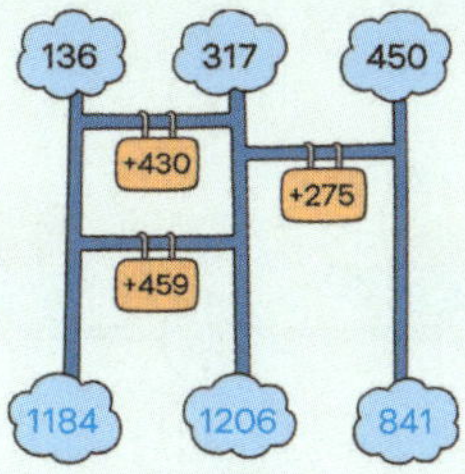

❷
536   317   410
−80
−240
−168
90   69   128

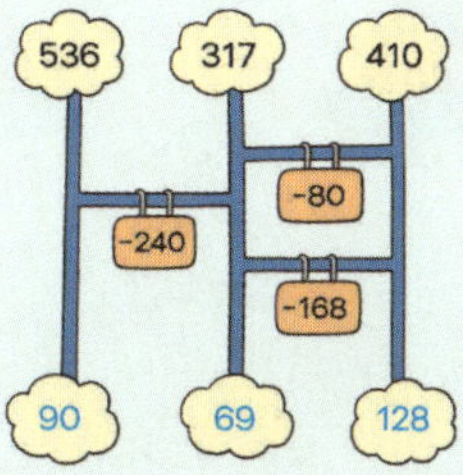

50
51

응용력이 커지는 STEP 2

월 일

52
53

❸

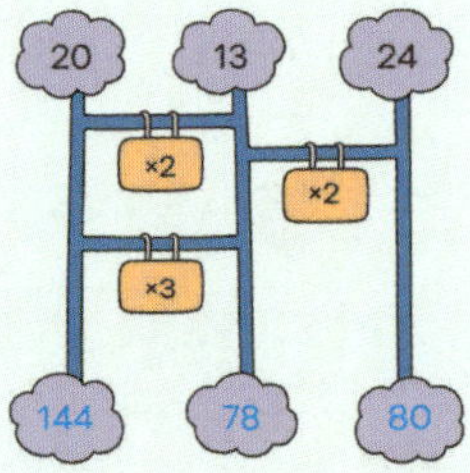

20
13
24
×2
×2
×3
144
78
80

❺

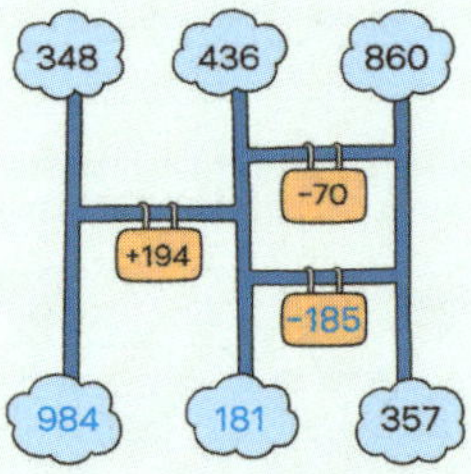

348
436
860
-70
+194
-185
984
181
357

❹

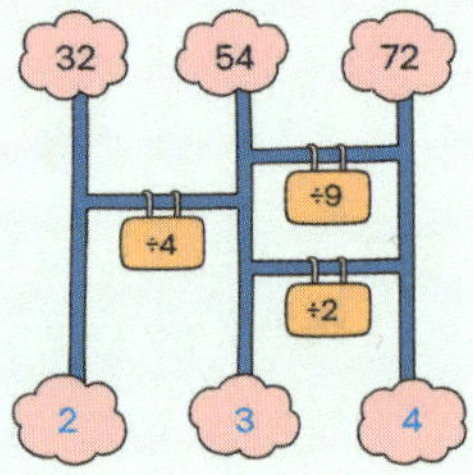

32
54
72
÷9
÷4
÷2
2
3
4

❻

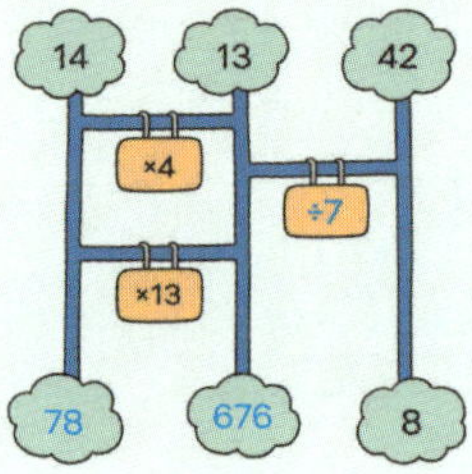

14
13
42
×4
÷7
×13
78
676
8

응용력이 커지는 STEP 2

월 일

54
55

2 왼쪽 접시와 오른쪽 접시에 있는 과일의 무게가 같으면 저울이 수평이 됩니다. 귤 1개의 무게가 120g일 때, 배 4개의 무게는 몇 g인지 구해 보세요.

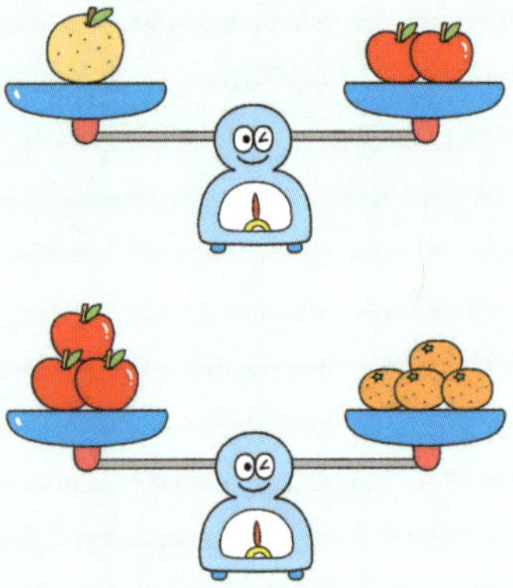

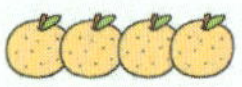 1280 g

3 왼쪽 접시의 과일의 무게와 오른쪽 접시의 추의 무게가 같을 때, 사과 2개의 무게는 몇 g인지 구해 보세요.

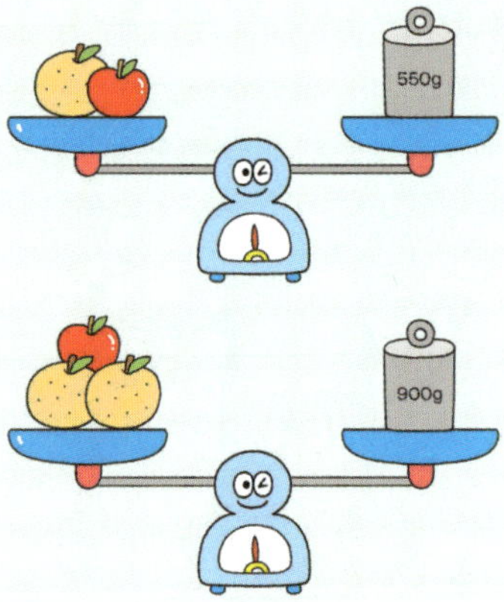

550g
900g

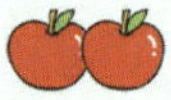 400 g

STEP 3 셈하여 미로를 빠져나가요

월 일

1 [보기]와 같이 숫자 미로를 해결하려고 합니다. 주황색 꽃에서 시작해서 주황색 꽃에서 끝나도록 수를 선으로 연결하여 길을 만들어 보세요.

보기

▶ 이웃한 두 수끼리 덧셈, 뺄셈, 곱셈, 나눗셈을 한 번씩 해서 길을 만들어요.
▶ 가로 또는 세로 방향은 가능하지만 대각선 방향의 길은 만들 수 없어요.

시작점 : 96

$$96 \div 8 = 12$$
$$12 + 21 = 33$$
$$33 \times 3 = 99$$
$$99 - 40 = 59$$

❶

시작점 : 48

$$48 \times 2 = 96$$
$$96 \div 8 = 12$$
$$12 + 35 = 47$$
$$47 - 9 = 38$$

❷

시작점 : 68

$$68 \div 2 = 34$$
$$34 - 7 = 27$$
$$27 \times 3 = 81$$
$$81 + 9 = 90$$

$\dfrac{56}{57}$

---

❺ 분수와 소수를 살펴요

STEP 1 분수와 소수를 배워요

월 일

1 전체를 똑같이 여러 부분으로 나눈 도형을 모두 찾아 기호를 써 보세요.

가, 나, 바, 아, 타

2 전체에 대하여 색칠한 부분의 크기를 분수로 써 보세요.

$\dfrac{6}{8}$　$\dfrac{3}{4}$　$\dfrac{1}{4}$

$\dfrac{4}{5}$　$\dfrac{5}{6}$　$\dfrac{5}{8}$

$\dfrac{3}{8}$　$\dfrac{3}{6}$　$\dfrac{4}{9}$

$\dfrac{58}{59}$

3 곤충에 대한 설명을 보고 물음에 답하세요.

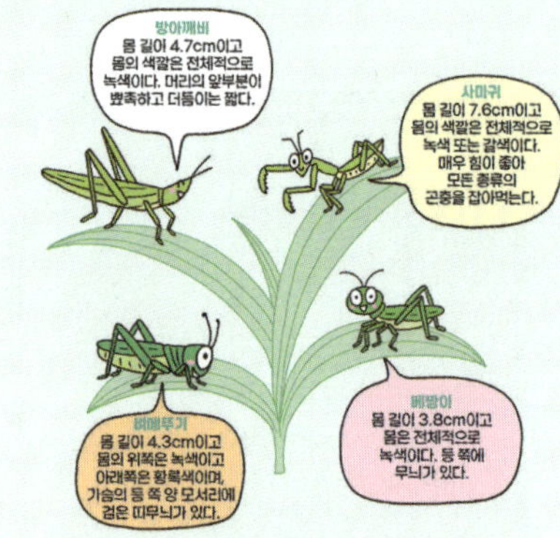

❶ 각 곤충의 몸 길이는 0.1이 몇 개인지 빈칸에 알맞은 수를 써 보세요.

4.7은 0.1이 (47)개입니다.
7.6은 0.1이 (76)개입니다.
4.3은 0.1이 (43)개입니다.
3.8은 0.1이 (38)개입니다.

❷ 몸 길이가 긴 곤충부터 순서대로 이름과 몸 길이를 써 보세요.

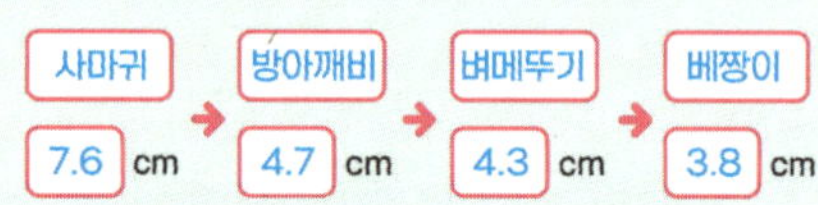

❸ 우리나라의 사슴벌레는 다양한 종류가 있어요. 몸 길이가 가장 짧은 사슴 벌레와 가장 긴 사슴벌레의 이름을 순서대로 빈칸에 써 보세요.

이름	몸 길이	수명
왕사슴벌레	7.5cm	1~3년
애사슴벌레	5.5cm	1~2년
넓적사슴벌레	8cm	1~2년
홍다리사슴벌레	5.7cm	1~2년
털보왕사슴벌레	2.5cm	1~2년
제주꼬마사슴벌레	1.2cm	약 1년
뿔꼬마사슴벌레	1.6cm	약 1년

제주꼬마사슴벌레   넓적사슴벌레

빈칸에 분수와 소수를 채워요   월   일

1 칠교 조각의 크기를 분수로 나타내려고 합니다. 물음에 답하세요.

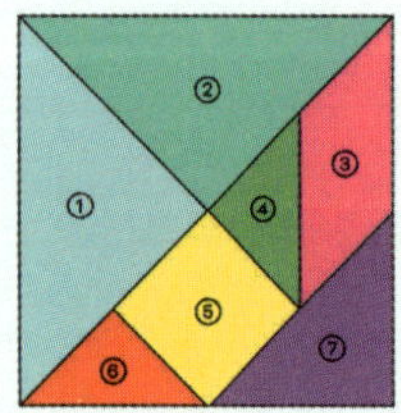

❶ 가장 큰 정사각형의 크기를 1이라 할 때 ①의 크기는 전체의 얼마인지 분 수로 나타내 보세요.

$\dfrac{1}{4}$

❷ 가장 큰 정사각형의 크기를 1이라 할 때 ③, ④, ⑤, ⑦의 크기는 전체의 얼 마인지 순서대로 각각 분수로 나타내 보세요.

③   ④   ⑤   ⑦

$\dfrac{1}{8}$ $\dfrac{1}{16}$ $\dfrac{1}{8}$ $\dfrac{1}{8}$

2 다음 4가지 모양의 패턴 블록으로 여러 가지 모양을 만들었어요. 전체에 대하여 초록색 삼각형 크기를 기준으로 정해진 색깔의 크기를 분수로 써 보세요.

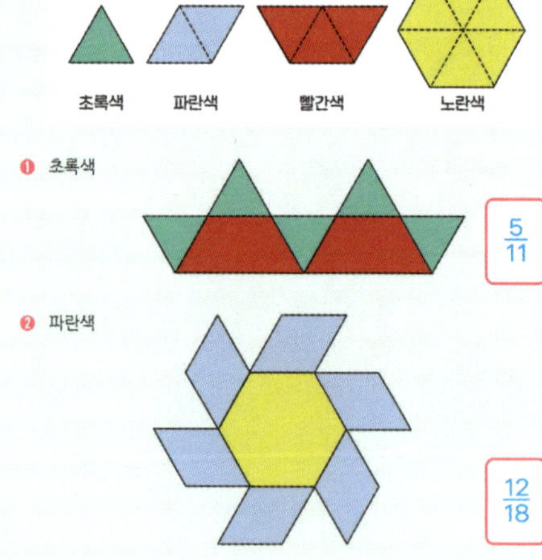

❶ 초록색

$\dfrac{5}{11}$

❷ 파란색

$\dfrac{12}{18}$

3 신문을 읽다 보면 소수가 자주 나옵니다. 아래 신문을 읽고 물음에 답하세요.

즐깨김일보   ○○월○○일

한국 어린이 독서량, 매년 줄어든다

요즘 초등학생들이 책을 덜 읽고 있다는 조사 결과가 나왔습니다. 한국○○개발원이 전국 초등학생 3000명을 대상으로 조사한 결과, 지난해 초등학생 1인당 평균 독서량은 연간 18.2권이었습니다. 이는 10년 전인 2015년(평균 25.4권)보다 약 28.3% 감소한 수치입니다.

학년별로 보면 저학년(1~3학년)은 연평균 22권을 읽지만, 고학년(4~6학년)은 평균 15권을 읽는 것으로 조사되었습니다.

그리고 책을 읽으면 좋은 점에 대해 물었을 때 "책을 읽으면 집중력이 좋아진다(65.3%)"가 가장 많았고, 다음으로 "어휘력이 늘어난다(58.7%)"가 있었습니다. 한편 "잠이 잘 온다(2.6%)"는 의견도 있었습니다.

교육 전문가들은 "하루 30분 이상 책을 읽는 습관을 갖는다면 사고력이 발달할 수 있다"고 조언합니다. 어린이 여러분, 오늘부터 재미있는 책 한 권을 골라 읽어 보는 건 어떨까요?

○○일보 ○○월 ○○일 ○요일

❶ 신문에서 찾은 소수를 모두 써 보세요.

18.2, 25.4, 28.3, 65.3, 58.7, 2.6

❷ 신문에서 찾은 소수를 큰 순서대로 써 보세요.

65.3 → 58.7 → 28.3 → 25.4 → 18.2 → 2.6

$\dfrac{64}{65}$

❸ 신문에서 찾은 소수 중 넷째로 큰 소수를 써 보세요.

25.4

❹ 신문에서 찾은 가장 작은 소수보다 크고 3보다 작은 소수 한 자리 수를 모두 써 보세요.

2.7, 2.8, 2.9

---

4 분수의 크기를 비교하려고 합니다. 주어진 분수들의 특징에 맞는 말을 골라 ○표 하고, 가장 작은 분수부터 차례대로 빈칸에 써 보세요.

❶

$\dfrac{4}{8}$ $\dfrac{5}{8}$ $\dfrac{7}{8}$ $\dfrac{2}{8}$

(분모 / 분자)가 모두 같습니다.

$\dfrac{2}{8}$ → $\dfrac{4}{8}$ → $\dfrac{5}{8}$ → $\dfrac{7}{8}$

❷

$\dfrac{1}{6}$ $\dfrac{1}{2}$ $\dfrac{1}{5}$ $\dfrac{1}{10}$

(분모 / 분자)가 모두 같습니다.

$\dfrac{1}{10}$ → $\dfrac{1}{6}$ → $\dfrac{1}{5}$ → $\dfrac{1}{2}$

5 분수의 크기를 비교하려고 합니다. 막대 위에 분수의 크기만큼 나타내고, 가장 큰 분수부터 차례대로 빈칸에 써 보세요.

$\dfrac{1}{2}$ $\dfrac{4}{5}$ $\dfrac{3}{4}$ $\dfrac{2}{3}$

$\dfrac{66}{67}$

$\dfrac{1}{2}$

$\dfrac{4}{5}$

$\dfrac{3}{4}$

$\dfrac{2}{3}$

$\dfrac{4}{5}$ → $\dfrac{3}{4}$ → $\dfrac{2}{3}$ → $\dfrac{1}{2}$

6 텃밭의 $\frac{3}{8}$에는 고추를 심고 $\frac{2}{8}$에는 상추를 심었어요. 물음에 답하세요.

❶ 고추를 심은 부분은 빨간색으로, 상추를 심은 부분은 초록색으로 색칠해 보세요.

❷ 전체 텃밭에 대하여 아무것도 심지 않은 부분을 분수로 나타내 보세요.

$\frac{3}{8}$

7 텃밭의 $\frac{3}{8}$만큼 국화를 심고, 나머지의 $\frac{4}{5}$만큼 팬지를 심었어요. 국화와 팬지를 심은 부분은 각각 색칠하고, 전체 텃밭에 대하여 아무것도 심지 않은 부분을 분수로 나타내 보세요.

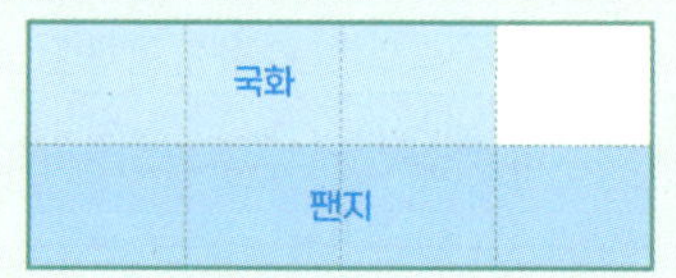

$\frac{1}{8}$

8 텃밭의 $\frac{1}{2}$에는 대추나무를 심고, 나머지의 $\frac{7}{11}$에는 사과나무를 심었어요. 대추나무와 사과나무를 심은 부분은 각각 색칠하고, 전체 텃밭에 대하여 아무것도 심지 않은 부분을 분수로 나타내 보세요.

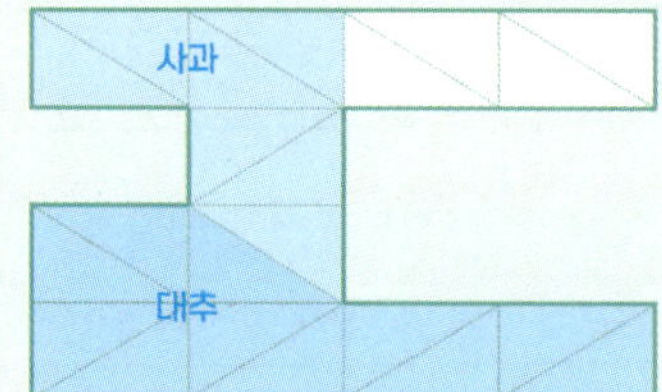

$\frac{4}{22}$

주어진 수만큼 모양을 칠해요

1 유리창이 깨져 빈 곳이 생겼어요. 얼마만큼 깨졌는지는 알 수 없지만, 초록색 칸이 깨진 전체 부분의 $\frac{1}{4}$만큼이라고 합니다. [보기]처럼 초록색 칸을 포함하여 깨진 부분을 여러 방법으로 나타내 보세요.

보기

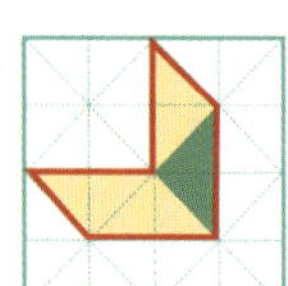

(예)
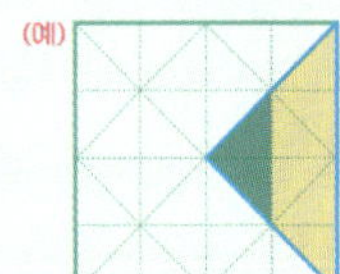
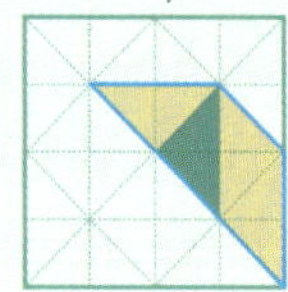

2 유리창이 깨져 빈 곳이 생겼어요. 초록색 칸이 깨진 전체 부분의 $\frac{1}{6}$만큼이라고 합니다. 초록색 칸을 포함하여 깨진 부분을 여러 방법으로 나타내 보세요.

(예)

월 일

3 유리창이 깨져 빈 곳이 생겼어요. 초록색 칸이 깨진 전체 부분의 0.2만큼 이라고 합니다. 초록색 칸을 포함하여 깨진 부분을 여러 방법으로 나타내 보세요.

(예)
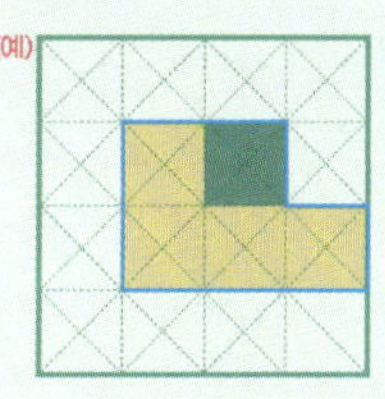 

4 유리창이 깨져 빈 곳이 생겼어요. 초록색 칸이 깨진 전체 부분의 0.75만 큼이라고 합니다. 초록색 칸을 포함하여 깨진 부분을 여러 방법으로 나 타내 보세요.

(예)
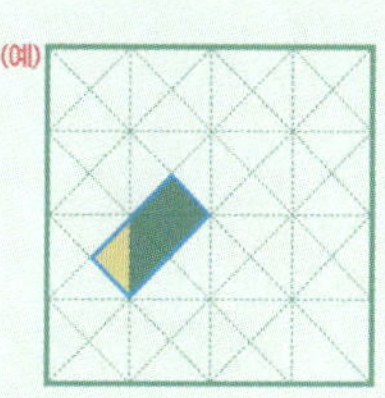 

 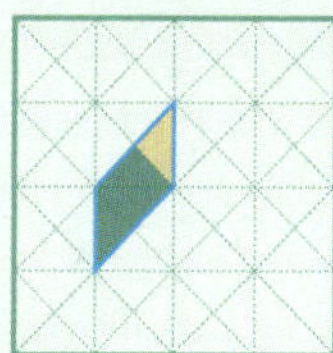

72
73

---

1 반복되는 규칙을 살펴요
규칙에 따라 움직여요

월 일

1 다람쥐가 주어진 신 모양대로 반복해서 길을 지나며 도토리를 주우려고 합 니다. 주울 수 있는 도토리에 모두 ○표 해 보세요.

❶

❷

76
77

월   일

2 토끼와 거북이 경주를 하고 있어요. 구경을 하던 여우와 호랑이는 토끼와 거북이 달리는 모습에서 각각 규칙을 발견했어요. 물음에 답하세요.

❶ 호랑이는 토끼가 달리는 규칙을 다음과 같은 기호로 나타내었어요. 이와 같은 규칙으로 계속 그릴 때, 20번째 그려야 할 기호를 그려 보세요.

↕↔↔↕↕↔↔↕↕↔↔↕…

↕

❷ 여우도 호랑이처럼 거북이 달리는 규칙을 기호로 나타내려고 해요. ▲와 ◆를 이용하여 9번째까지 나타내 보세요.

예) ▲▲▲◆▲▲▲◆▲▲▲◆

❸ 여우가 ❷처럼 계속 규칙을 나타낼 때 20번째에 그려야 할 기호를 그려 보세요.

▲

 규칙에 따라 순서를 살펴요

월   일

1 ⬜ 안의 규칙대로 반복해서 지나가면 미로를 빠져나갈 수 있어요. 미로를 나갈 수 있도록 선을 그려 보세요. (단, 규칙을 중간에 멈출 수는 없어요.)

월 일

2 인형들이 규칙에 따라 나열되어 있어요. 빈칸에 들어갈 알맞은 번호를 찾
아 써 보세요.

❶

❷

82 / 83

월 일

3 두더지 잡기 게임기가 돌아가고 있어요. 두더지의 색깔과 나오는 위치의 규
칙을 찾아 물음에 답하세요.

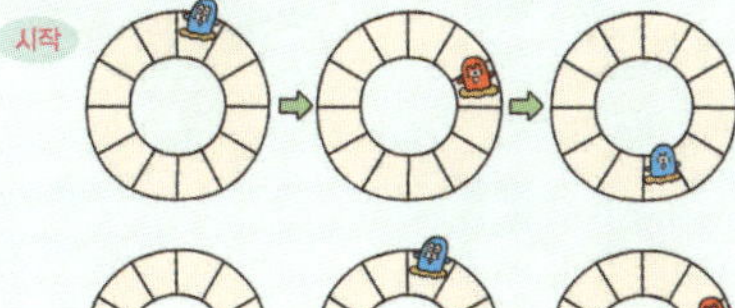

❶ 열째와 열넷째에 나오는 두더지의 자리에 알맞은 두더지의 색을 칠해 보
세요.

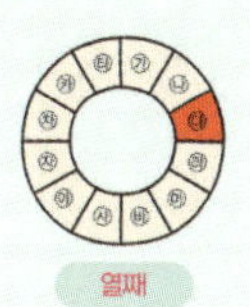

❷ ㉮에서 두더지 3마리를 잡는 순간 게임기가 멈췄다면 ㉯에서는 모두 몇 마
리를 잡았을까요? (단, 게임기가 돌아가기 시작하고 한 번도 두더지를 놓치
지 않았어요.)

2 마리

❸ ㉮에서 두더지 5마리를 잡는 순간 게임기가 멈췄다면 두더지는 모두 몇 마
리를 잡았을까요? (단, 게임기가 돌아가기 시작하고 한 번도 두더지를 놓치
지 않았어요.)

17 마리

84 / 85

STEP 3 다음에 올 모양을 미리 살펴요

월   일

1 가게 입구에 1초마다 바뀌는 전광판이 있어요. 전광판은 다음과 같이 규칙적으로 바뀐다고 합니다. 물음에 답하세요.

❶ 처음 안녕하세요 가 나타났을 때부터 몇 초 후에 다시 안녕하세요 가 나타날까요?

10 초 후

❷ 처음 감사합니다 나타났을 때부터 30초 후에 나타나는 전광판을 찾아 ○표 해 보세요.

❸ 처음 감사합니다 가 나타났을 때부터 2분 동안 전광판을 바라봤을 때 감사합니다 를 볼 수 있는 시간은 모두 몇 초인가요?

12 초

---

❷ 변화하는 규칙을 살펴요
STEP 1 규칙에 따라 모양을 살펴요

월   일

1 요술 램프에 모양을 넣으면 [보기]와 같이 바뀌어 나옵니다. 어떤 모양이 나오는지 빈칸에 알맞게 그려 보세요.

❶

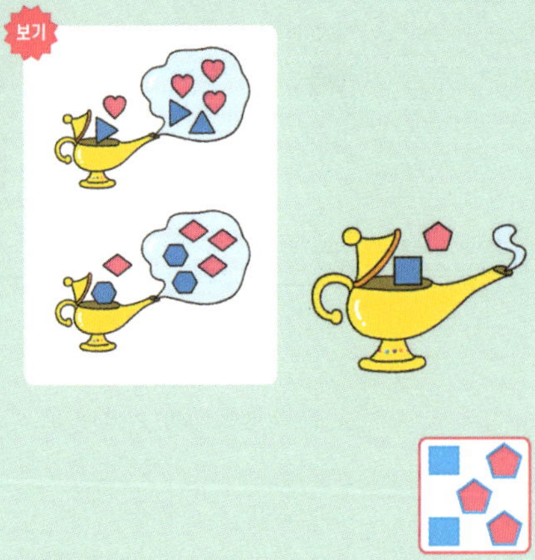

보기

❷

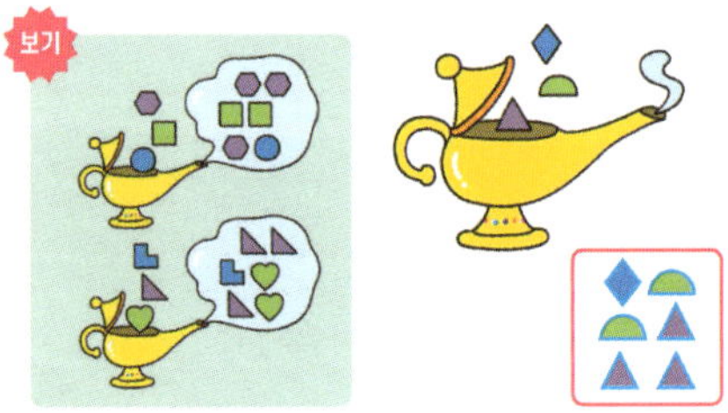

보기

❸

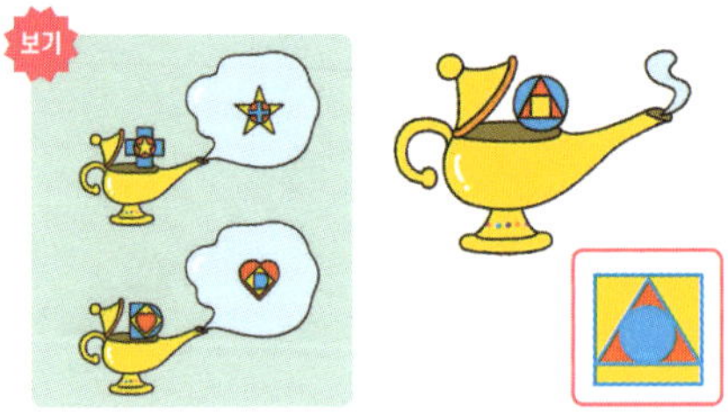

보기

생각이 자라는 STEP 1

월 일

2 지우와 시윤이가 서로 암호 카드를 주고 받았어요. 물음에 답하세요.

❶ 지우가 시윤이에게 암호 카드 2장을 보냈어요. [보기]와 같이 지우가 보낸 카드의 내용이 무엇인지 알아보세요.

보기

자	리	기
는	거	늘
만	도	자

+

우	위	에
뛰	오	서
두	나	자

=

우	리	
	오	늘
만	나	자

이	너	창	작
사	지	를	사
기	도	좋	본
하	로	언	와

+

모	성	는	래
소	과	를	놀
이	터	나	아
하	시	타	니

=

	너	는	
사	과	를	
		좋	아
하			니

❷ 시윤이가 지우에게 답장으로 암호 카드 2장을 보냈어요. [보기]와 같이 시윤이가 보낸 카드의 내용이 무엇인지 알아보세요.

보기

오	리	운
동	영	화
노	장	래

+

오	리	운
동	영	화
노	장	래

=

		운
동		
	장	

나	신	발	는
포	도	도	장
한	곶	가	좋
아	수	토	지

+

나	신	발	는
포	이	도	장
한	곶	가	좋
아	수	토	지

=

나			는
포		도	
		가	좋
아			

90 91

응용력이 커지는 STEP 2

규칙에 따라 퍼즐을 풀어요

월 일

1 [보기]와 같이 도형이 일정한 규칙으로 변할 때 ?에 들어갈 알맞은 번호를 찾아 ○표 해 보세요.

보기

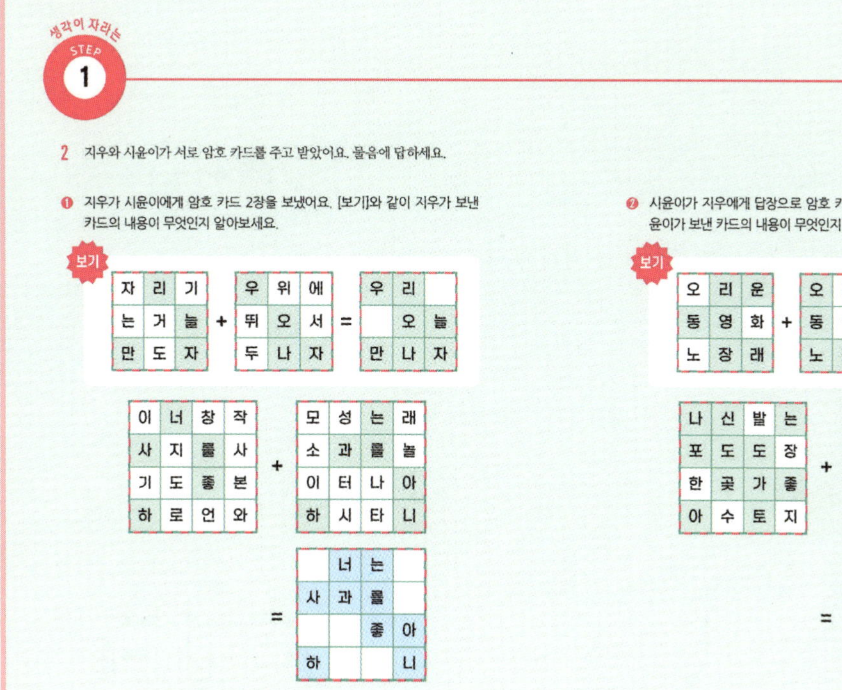

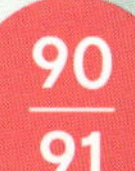

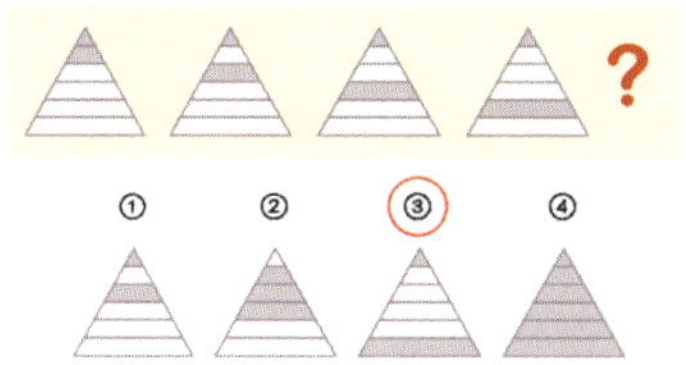

❶

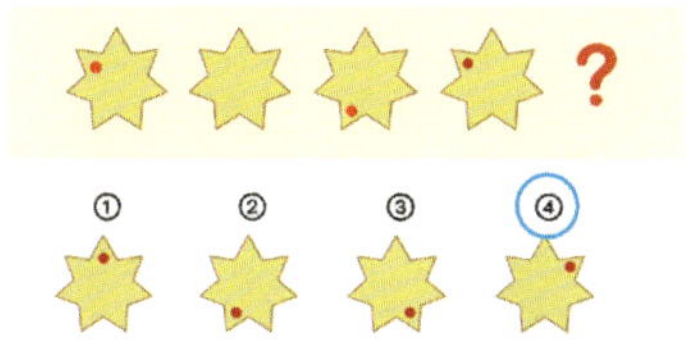

❷

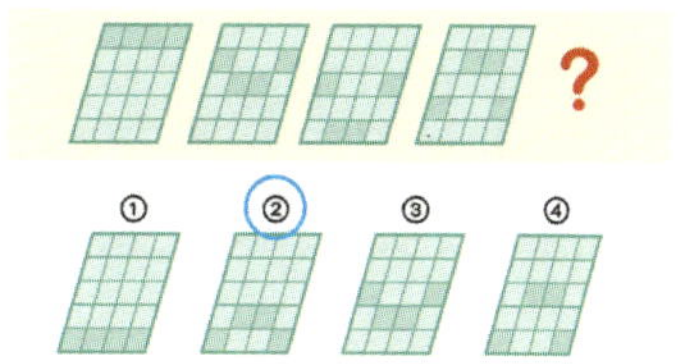

❸

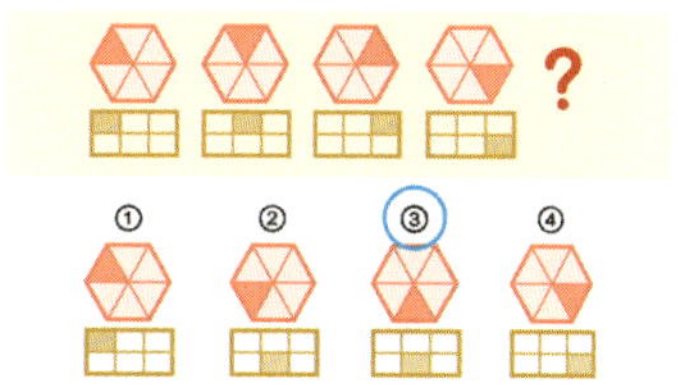

92 93

2 마술 모자에 카드를 넣으면 모자의 색깔에 따라 [보기]와 같이 카드가 변합
니다. [보기]와 같이 빈칸에 들어갈 알맞은 카드나 모자의 번호를 써 보세요.

보기

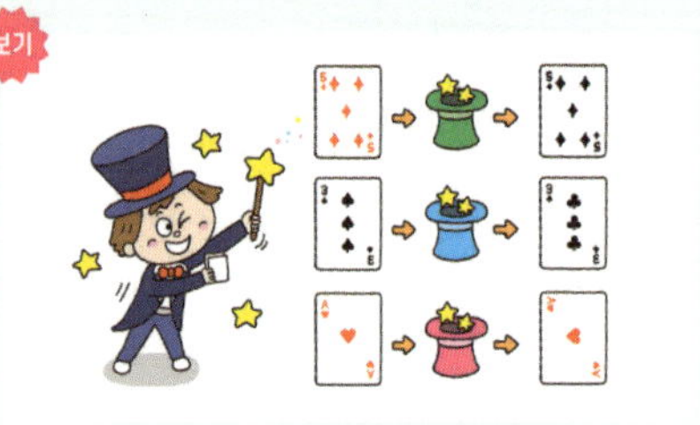

94/95

❶

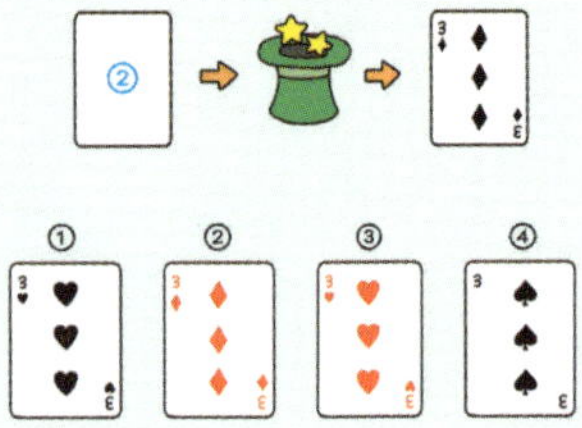

① ② ③ ④

❹

① ② ③ ④

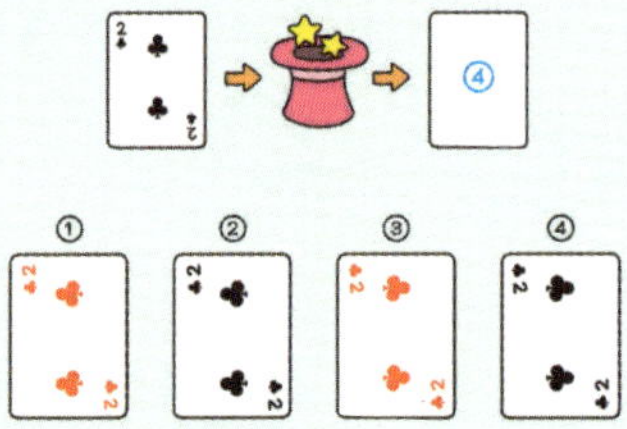

96/97

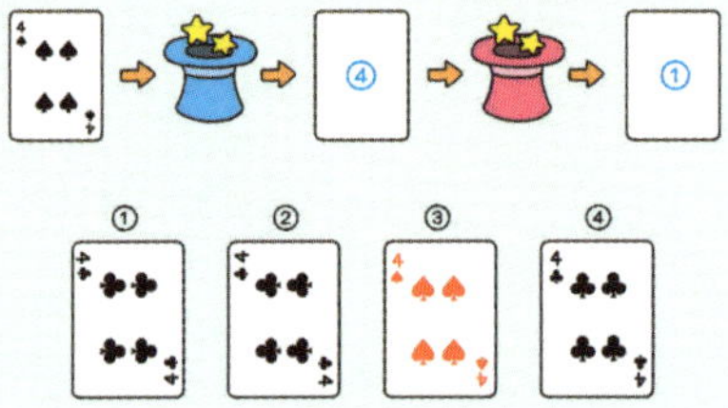

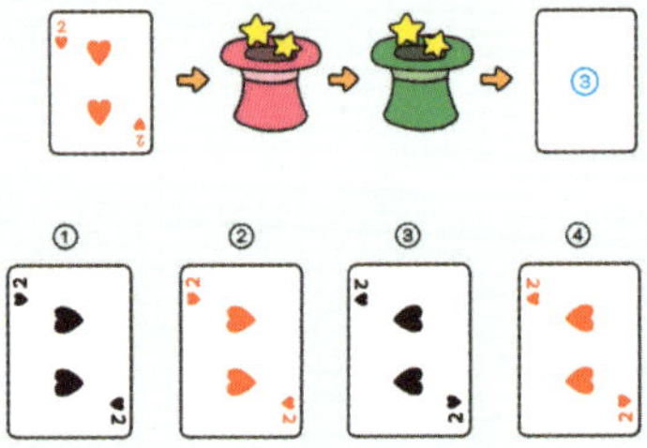

❺

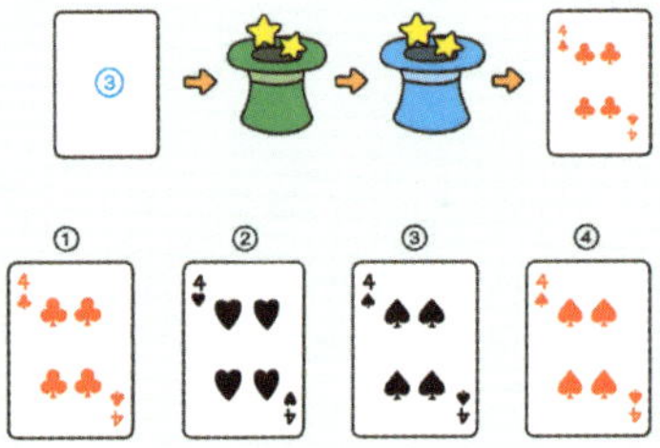

① ② ③ ④

❻
(예)

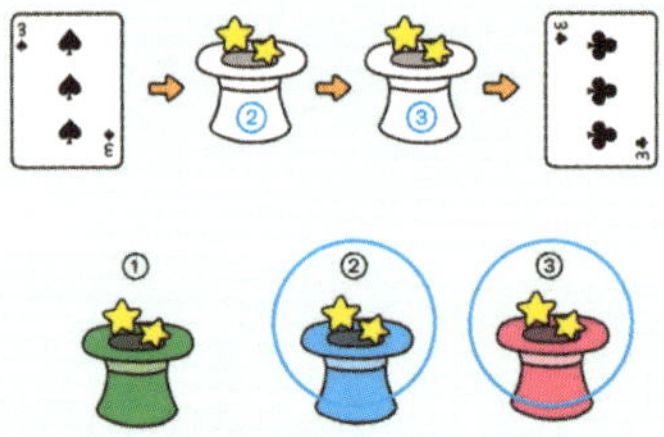

① ② ③

❼
(예)

① ② ③

158

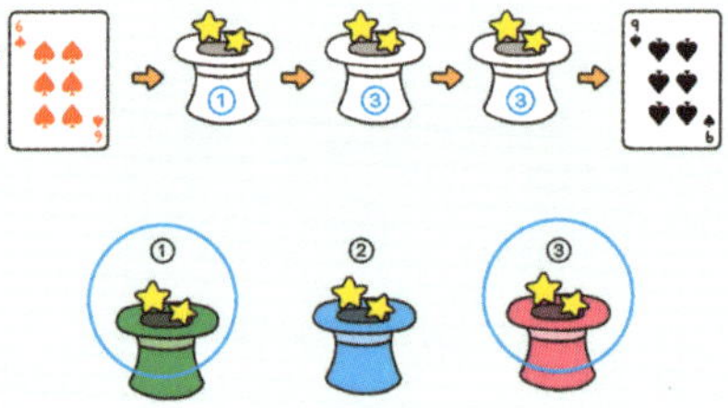

변화할 모양을 미리 살펴요

1 1쪽에서 4쪽까지 일정한 규칙으로 도형이 변신하는 책이 있어요. 5쪽에서 8쪽까지 그려진 도형이 같은 규칙으로 변신할 때 빈칸에 들어갈 알맞은 번호를 찾아 써 보세요.

98/99

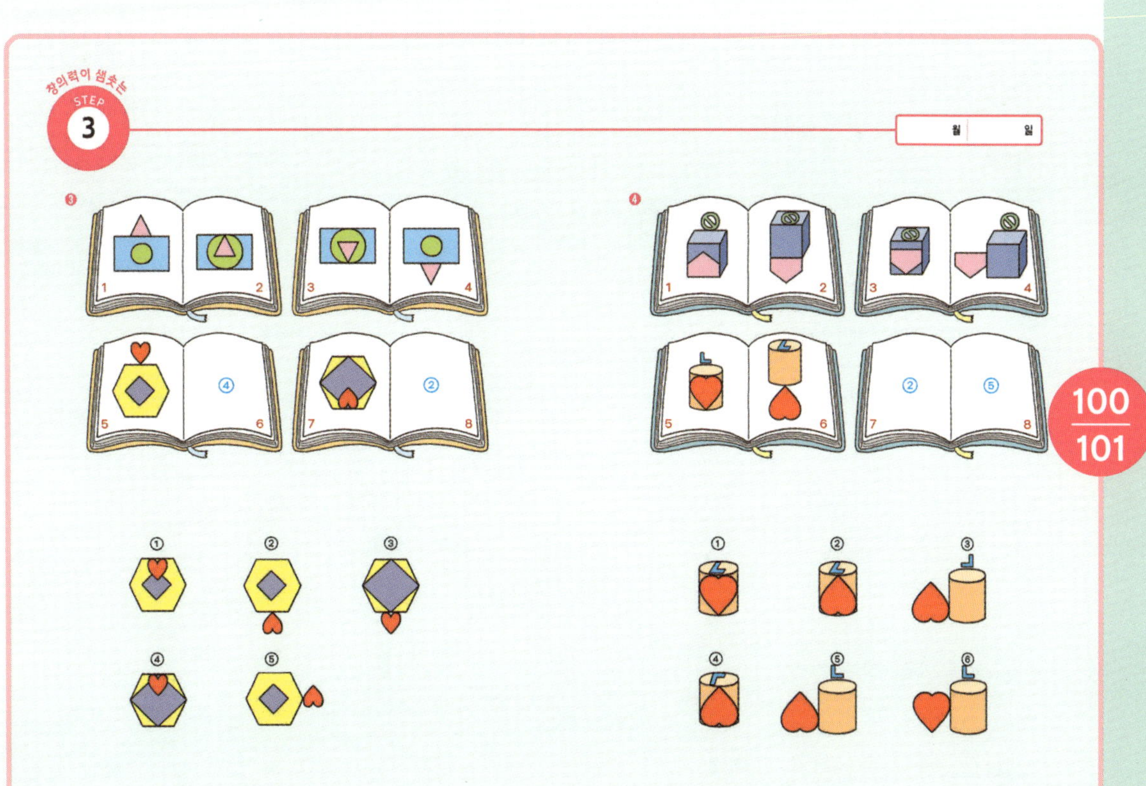

100/101

① 셈하여 해결해요

식을 세워 답을 구해요

월 일

1 거문고, 가야금, 아쟁과 같은 전통 악기는 줄을 이용해서 소리를 내는 현악기입니다. 어느 연주회에 거문고 12대, 가야금 15대, 아쟁 13대가 모였어요. 악기의 줄 수는 모두 얼마일까요? 다음 물음에 답하세요.

가야금

거문고

아쟁

❶ 거문고의 줄은 6개입니다. 거문고 12대의 줄 수는 모두 얼마인지 식을 세워 구해 보세요.

식 | 6×12 | 72 | 줄

❷ 가야금의 줄은 12개입니다. 가야금 15대의 줄 수는 모두 얼마인지 식을 세워 구해 보세요.

식 | 12×15 | 180 | 줄

❸ 아쟁의 줄은 7개입니다. 아쟁 13대의 줄 수는 모두 얼마인지 식을 세워 구해 보세요.

식 | 7×13 | 91 | 줄

❹ 연주회에 모인 악기의 줄 수는 모두 얼마인지 구해 보세요.

식 | 72+180+91 | 343 | 줄

2 서원이는 870원짜리 연필 6자루와 450원짜리 지우개 3개를 사고 7000원을 냈어요. 받아야 할 거스름돈은 얼마일까요? 다음 물음에 답하세요.

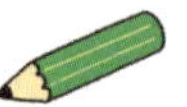

❶ 연필 6자루의 가격을 식을 세워 구해 보세요.

식 | 870×6 | 5220 | 원

❷ 지우개 3개의 가격을 식을 세워 구해 보세요.

식 | 450×3 | 1350 | 원

❸ 물건의 가격은 모두 얼마인지 식을 세워 구해 보세요.

식 | 5220+1350 | 6570 | 원

❹ 서원이가 받아야 할 거스름돈은 얼마인지 구해 보세요.

식 | 7000-6570 | 430 | 원

순서대로 답을 셈해요

월 일

1 학교 도서관에 있는 동화책, 과학책, 만화책이 다음과 같아요. 만화책은 몇 권일까요? 다음 물음에 답하세요.

▶ 동화책은 500권보다 123권 더 적습니다.
▶ 과학책은 동화책보다 86권 더 많습니다.
▶ 만화책은 과학책보다 75권 더 적습니다.

❶ 몇 권인지 가장 먼저 파악할 수 있는 책은 동화책, 과학책, 만화책 중 무엇인가요?

동화책

❷ 동화책은 몇 권인지 식을 세워 구해 보세요.

식 | 500-123 | 377 | 권

❸ 과학책은 몇 권인지 식을 세워 구해 보세요.

식 | 377+86 | 463 | 권

❹ 만화책은 몇 권인지 식을 세워 구해 보세요.

식 | 463-75 | 388 | 권

2 쌓기나무가 들어있는 서로 다른 색의 상자 3개가 있어요. 각각의 상자에 든 쌓기나무는 몇 개일까요? 다음 물음에 답하세요.

▶ 노랑 상자에 든 쌓기나무는 초록 상자의 3배예요.
▶ 초록 상자에는 12의 8배 만큼의 쌓기나무가 들어 있어요.
▶ 분홍 상자에는 노랑 상자에 든 쌓기나무보다 2배만큼 많아요.

❶ 3개의 상자 중에서 가장 먼저 쌓기나무의 개수를 알 수 있는 상자는 무엇인지 생각해 보고, 그 개수를 식을 세워 구해 보세요.

식 | 12×8 | 초록 상자 | 96 | 개

❷ 두 번째로 쌓기나무의 개수를 알 수 있는 상자는 무엇인가요? 그 개수를 식을 세워 구해 보세요.

식 | 96×3 | 노랑 상자 | 288 | 개

❸ 세 번째로 쌓기나무의 개수를 알 수 있는 상자는 무엇인가요? 그 개수를 식을 세워 구해 보세요.

식 | 288×2 | 분홍 상자 | 576 | 개

응용력이 커지는 STEP 2

월 일

3 이현이네 가족은 한 시간에 80km를 가는 일반 버스를 2시간 동안 탄 뒤, 한 시간에 120km을 가는 고속 버스를 1시간 30분 동안 타고 남해에 도착했어요. 버스를 탄 거리는 몇 km일까요? 다음 물음에 답하세요.

❶ 구하려고 하는 것을 바르게 말한 사람을 찾아 ○표 해 보세요.

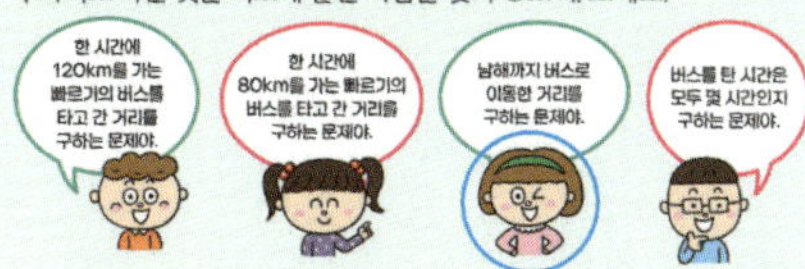

❷ 일반 버스와 고속 버스를 타고 간 거리는 각각 몇 km인지 식을 세워 구해 보세요.

식 일반버스 : 80×2=160 | 160 km

식 고속버스 : 120×1.5=180 | 180 km

❸ 버스를 타고 간 거리는 모두 몇 km인지 식을 세워 구해 보세요.

식 160+180=340 | 340 km

4 이현이와 효원이가 같은 지점에서 동시에 출발하여 반대 방향으로 걸었어요. 이현이는 10분에 650m의 빠르기로, 효원이는 10분에 780m의 빠르기로 걸었다면 50분 후에 벌어진 거리는 몇 km일까요? 물음에 답하세요.

❶ 50분 동안 이현이가 걸은 거리는 몇 km 몇 m인지 식을 세워 구해 보세요.

식 650×5=3250

3 km 250 m

❷ 50분 동안 효원이가 걸은 거리는 몇 km 몇 m인지 식을 세워 구해 보세요.

식 780×5=3900

3 km 900 m

❸ 50분 후에 이현이와 효원이 사이의 거리는 몇 km 몇 m인지 식을 세워 구해 보세요.

식 3250+3900=7150

7 km 150 m

108
109

창의력이 샘솟는 STEP 3

답을 구하고 해석해요

월 일

1 몸 안에서 발생하는 에너지의 양을 '열량'이라고 합니다. 열량의 단위는 cal(칼로리)와 kcal(킬로칼로리)입니다. 연우와 시우가 먹은 음식의 열량을 구하고 빈칸에 알맞은 답을 써 넣어 보세요.

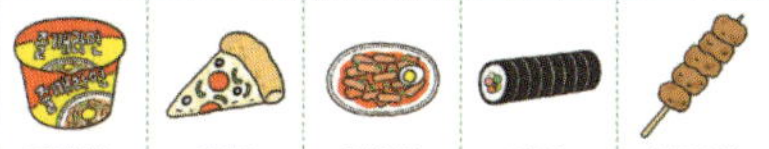

컵라면	피자	떡볶이	김밥	닭꼬치
290kcal	87kcal	135kcal	450kcal	95kcal

연우: 컵라면 1개, 피자 2조각, 김밥 1줄 → 914 Kcal

시우: 떡볶이 2접시, 김밥 1줄, 닭꼬치 3개 → 1005 Kcal

시우 가 먹은 음식의 열량이 연우 보다 91 Kcal 더 많습니다.

2 다운, 지호, 태연이는 각자의 저금통에 동전을 모았어요. 금액이 가장 큰 친구부터 차례대로 이름을 써 보세요.

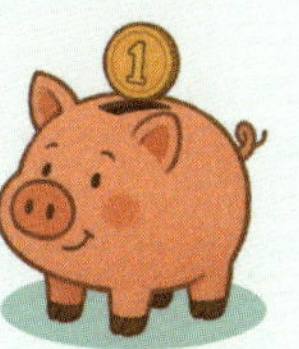

다운: 50원 9개, 100원 11개, 500원 6개 → 4550 원

지호: 50원 22개, 100원 16개, 500원 4개 → 4700 원

태연: 50원 40개, 100원 10개, 500원 3개 → 4500 원

저금통에 모은 금액은 지호, 다운, 태연 순으로 많습니다.

110
111

② 그림을 그려 해결해요
그림을 그려 답을 구해요

월   일

1 민주네 반 학생 중에 하루에 핸드폰을 1시간보다 적게 사용하는 학생은 전체의 $\frac{2}{4}$이고, 1시간보다 많이 사용하는 학생은 $\frac{1}{4}$입니다. 나머지 학생은 핸드폰을 전혀 사용하지 않는다고 합니다. 물음에 답하세요.

❶ 위의 설명에 맞게 그린 그림을 골라 ○표 해 보세요.

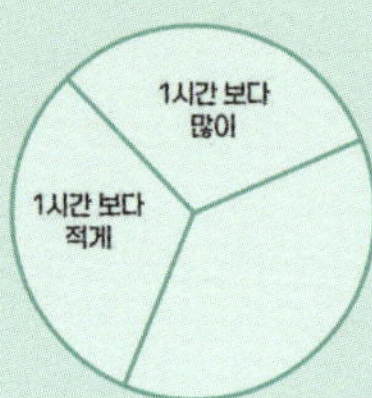

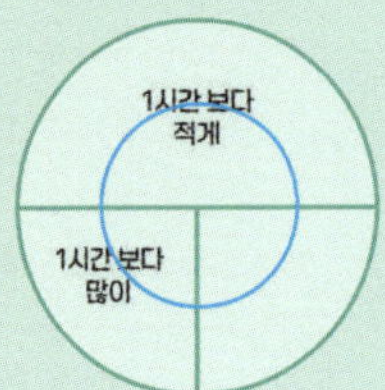

❷ 위의 그림 중에 맞는 그림을 이용해서 핸드폰을 전혀 사용하지 않는 학생은 몇 분의 몇인지 구해 보세요.

$$\frac{1}{4}$$

2 체육대회에서 피구에 참가한 학생은 $\frac{1}{8}$이고, 축구에 참가한 학생은 $\frac{4}{8}$입니다. 나머지 학생은 응원을 하였어요. 물음에 답하세요.

❶ 응원을 한 학생은 전체의 몇 분의 몇인지 그림을 그려 구해 보세요.

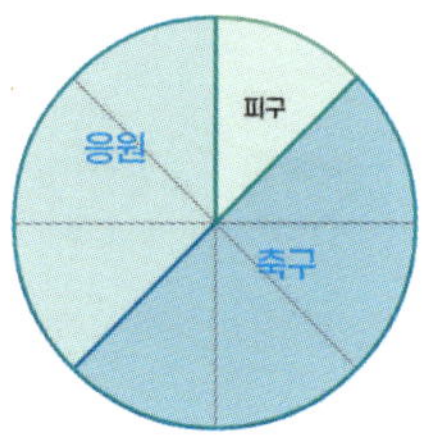

$$\frac{3}{8}$$

❷ 피구에 참가한 학생이 4명이라면, 응원을 한 학생은 몇 명인지 위의 그림을 이용하여 구해 보세요.

12 명

순서대로 그림을 그려요

월   일

1 다음은 서원이의 일기입니다. 물음에 답하세요.

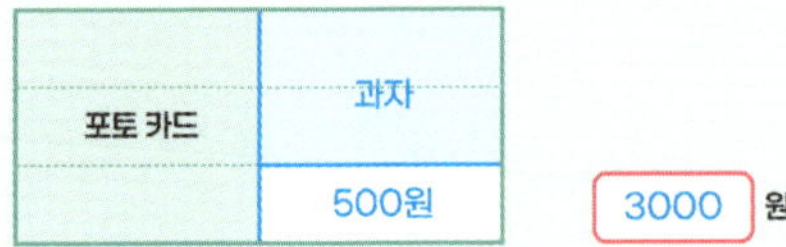

❶ 사각형을 이용하여 서원이가 어제 받은 용돈이 얼마인지 구해 보세요.

3000 원

❷ 수직선을 이용하여 서원이가 어제 받은 용돈이 얼마인지 구해 보세요.

3000 원

2 지우와 시윤이가 동화책을 한 권씩 읽고 있어요. 물음에 답하세요.

▶ 지우는 지난주까지 책의 $\frac{1}{2}$을 읽었어요. 이번 주에는 나머지의 $\frac{3}{4}$을 읽었더니 14쪽이 남았어요.
▶ 시윤이는 어제까지 책의 $\frac{1}{3}$을 읽었어요. 오늘은 나머지의 $\frac{1}{4}$을 읽었더니 36쪽이 남았어요.

❶ 사각형을 이용하여 지우의 동화책은 모두 몇 쪽인지 구해 보세요.

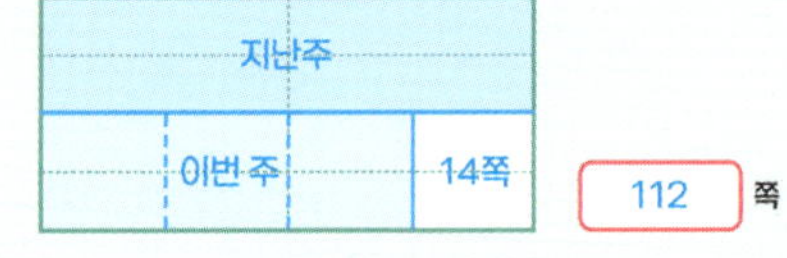

112 쪽

❷ 수직선을 이용하여 시윤이의 동화책은 모두 몇 쪽인지 구해 보세요.

72 쪽

3 이수네 가족의 몸무게와 나이를 구하려고 합니다. 물음에 답하세요.

① 아버지의 몸무게는 이수의 몸무게의 4배이고 두 사람의 몸무게 차는 63 kg입니다. 사각형을 이용하여 이수의 몸무게와 아버지의 몸무게를 다음과 같이 나타낼 때 빈칸에 알맞은 수를 써 보세요.

② 어머니의 몸무게는 이수 동생의 몸무게의 3배보다 4kg이 더 많고 두 사람의 몸무게 차는 38kg입니다. 사각형을 이용하여 이수 동생의 몸무게와 어머니의 몸무게를 각각 구해 보세요.

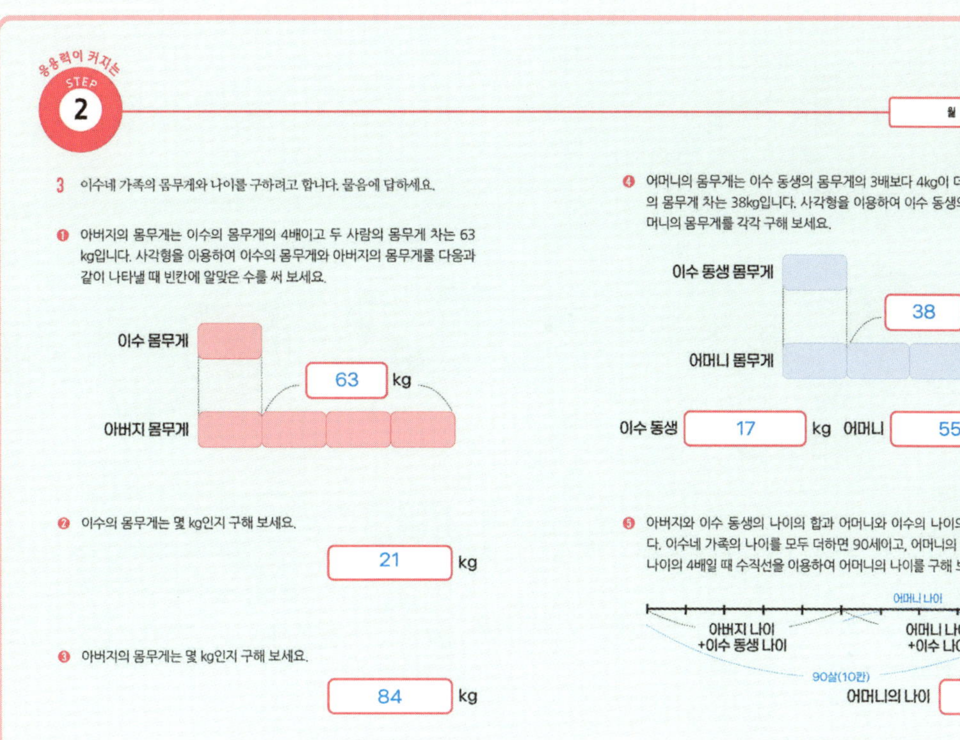

② 이수의 몸무게는 몇 kg인지 구해 보세요.

21 kg

③ 아버지의 몸무게는 몇 kg인지 구해 보세요.

84 kg

⑤ 아버지와 이수 동생의 나이의 합과 어머니와 이수의 나이의 합이 같습니다. 이수네 가족의 나이를 모두 더하면 90세이고, 어머니의 나이는 이수의 나이의 4배일 때 수직선을 이용하여 어머니의 나이를 구해 보세요.

1 슬기네 반 학생 중에 참치 샌드위치를 좋아하는 학생은 전체의 $\frac{3}{8}$이고, 계란 샌드위치를 좋아하는 학생은 $\frac{1}{4}$입니다. 나머지 학생은 햄 샌드위치를 좋아한다고 합니다. 물음에 답하세요.

① 햄 샌드위치를 좋아하는 학생은 전체의 몇 분의 몇인지 원을 그려 구해 보세요.

2 연우네 반 학생 중에 봄을 좋아하는 학생은 전체의 $\frac{1}{12}$, 여름을 좋아하는 학생은 전체의 $\frac{1}{3}$, 가을을 좋아하는 학생은 전체의 $\frac{1}{6}$입니다. 나머지 학생은 겨울을 좋아한다고 할 때 물음에 답하세요.

① 겨울을 좋아하는 학생은 전체의 몇 분의 몇인지 사각형을 그려 구해 보세요.

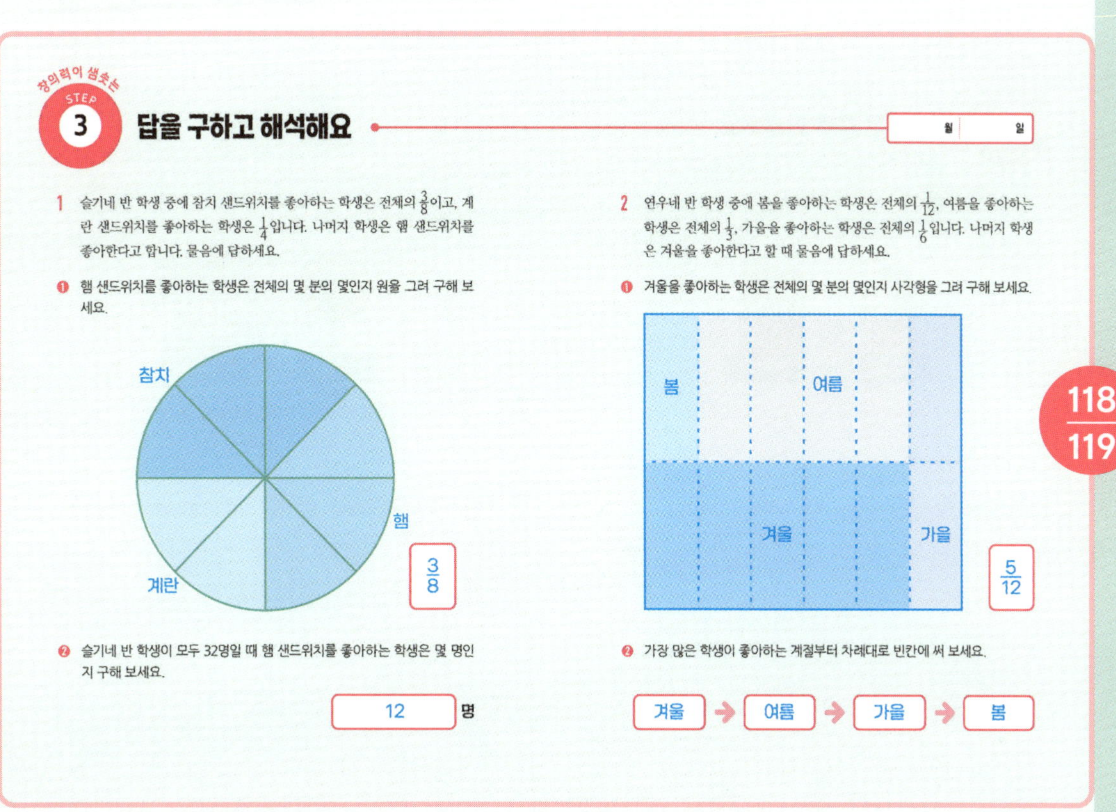

② 슬기네 반 학생이 모두 32명일 때 햄 샌드위치를 좋아하는 학생은 몇 명인지 구해 보세요.

12 명

② 가장 많은 학생이 좋아하는 계절부터 차례대로 빈칸에 써 보세요.

겨울 → 여름 → 가을 → 봄

❸ 표를 만들어 해결해요
표를 만들어 답을 구해요

월 | 일

1 지갑에 있는 50원짜리 동전과 100원짜리 동전을 모두 합하면 950원입니다. 50원짜리 동전이 100원짜리 동전보다 4개 더 많다면, 50원짜리 동전과 100원짜리 동전은 각각 몇 개인지 표를 이용하여 구해 보세요.

50원짜리 동전	5개	6개	7개	8개	9개
	250원	300원	350원	400원	450원
100원짜리 동전	1개	2개	3개	4개	5개
	100원	200원	300원	400원	500원
금액 합계	350원	500원	650원	800원	950원

2 농장에 있는 돼지와 닭의 다리를 모두 세어 보니 56개입니다. 닭이 돼지보다 10마리 더 많다고 할 때, 돼지와 닭은 각각 몇 마리씩 있는지 표를 이용하여 구해 보세요.

돼지	1마리	2마리	3마리	4마리	5마리	6마리
	4개	8개	12개	16개	20개	24개
닭	11마리	12마리	13마리	14마리	15마리	16마리
	22개	24개	26개	28개	30개	32개
다리 수 합계	26개	32개	38개	44개	50개	56개

순서대로 표를 만들어요

월 | 일

1 도연이가 9200원으로 요구르트와 콜라를 합하여 13개를 샀더니 남은 돈이 하나도 없었어요. 물음에 답하세요.

❶ 요구르트 1개를 사고 콜라 12개를 산다면 필요한 돈은 얼마일까요?

10200 원

❷ 요구르트 2개를 사고 콜라 11개를 산다면 필요한 돈은 얼마일까요?

10000 원

❸ 표를 이용하여 요구르트와 콜라를 각각 몇 개씩 샀는지 구해 보세요.

요구르트(개)	1	2	3	4	5	6
콜라(개)	12	11	10	9	8	7
금액(원)	10200	10000	9800	9600	9400	9200

2 은우가 슈퍼마켓에서 사탕과 젤리를 모두 8개 사고 17000원을 냈어요. 물음에 답하세요.

❶ 사탕을 7개 사고 젤리를 1개 산다면 내야 할 돈은 얼마입니까?

13000 원

❷ 사탕을 6개 사고 젤리를 2개 산다면 내야 할 돈은 얼마입니까?

14000 원

❸ 표를 이용하여 사탕과 젤리를 각각 몇 개씩 샀는지 구해 보세요.

사탕(개)	7	6	5	4	3
젤리(개)	1	2	3	4	5
금액(원)	13000	14000	15000	16000	17000

3 자전거 대여소에 일인용 자전거와 이인용 자전거는 모두 15대가 있고 자전거 의자마다 한 명씩 앉았을 때 모두 21명이 탈 수 있어요. 일인용 자전거와 이인용 자전거는 각각 몇 대씩 있는지 표를 이용하여 구해 보세요.

일인용 자전거(대)	14	13	12	11	10	9
이인용 자전거(대)	1	2	3	4	5	6
사람(명)	16	17	18	19	20	21

4 학교 농구대회에서 지호네 반 선수들이 11번의 슛을 성공하여 25점을 얻었어요. 2점 슛과 3점 슛은 각각 몇 번씩 성공하였는지 표를 이용하여 구해 보세요.

2점 슛(번)	1	2	3	4	5	6	7	8
3점 슛(번)	10	9	8	7	6	5	4	3
점수(점)	32	31	30	29	28	27	26	25

124 / 125

여러 경우를 표로 정리해요

월 일

1 편의점에서 삼각 김밥 10개를 사고 카드로 13000원을 결제했어요. 김치치즈 삼각 김밥과 참치마요 삼각 김밥은 각각 몇 개씩 샀는지 표를 이용하여 구해 보세요.

1500원   1000원

김치치즈 삼각 김밥(개)	1	2	3	4	5	6
참치마요 삼각 김밥(개)	9	8	7	6	5	4
금액(원)	10500	11000	11500	12000	12500	13000

2 어른과 어린이 8명이 함께 야구장에 갔어요. 어른 입장권은 25000원이고 어린이 입장권은 5000원입니다. 8명의 입장권을 사는 데 120000원이 들었습니다. 어른과 어린이는 각각 몇 명인지 표를 이용하여 구해 보세요.

어른 입장권(장)	7	6	5	4	3	2
어린이 입장권(장)	1	2	3	4	5	6
금액(원)	180000	160000	140000	120000	100000	80000

126 / 127

❹ 거꾸로 풀어 해결해요
거꾸로 풀어 답을 구해요

| 월 | 일 |

1 도연이 어머니께서 며칠 전부터 하루에 한 가지씩 도연이 생일파티를 준비하였어요. 물음에 답하세요.

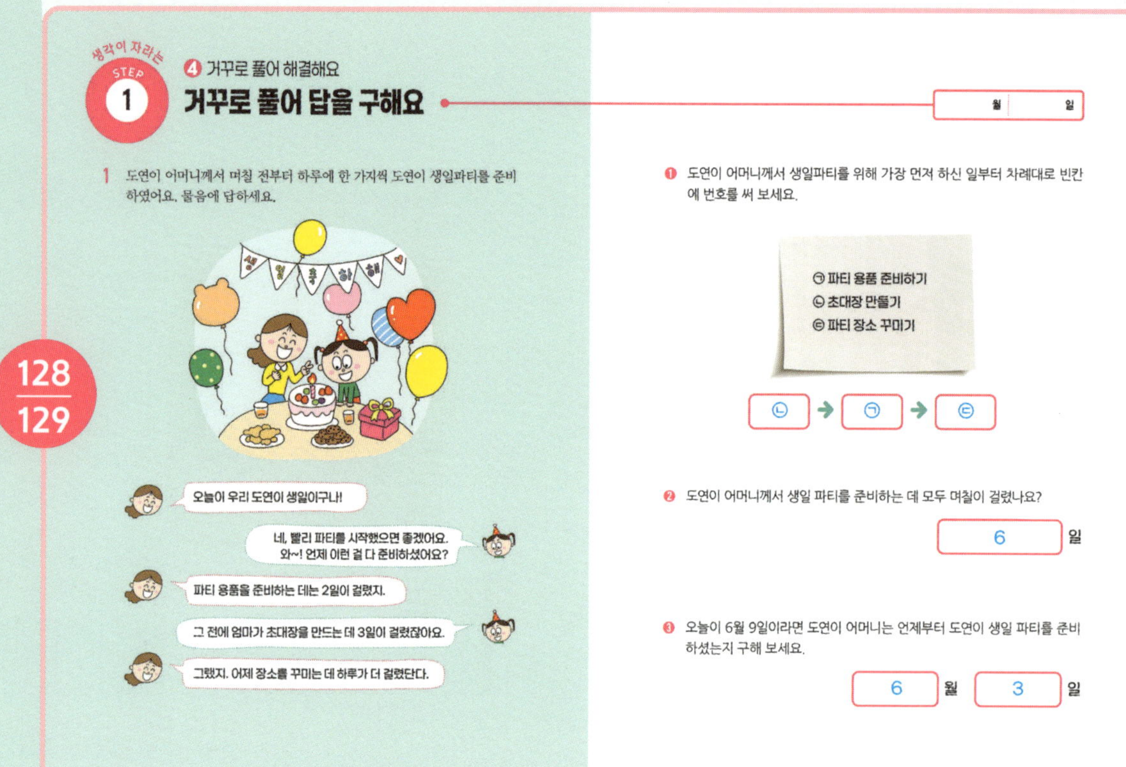

❶ 도연이 어머니께서 생일파티를 위해 가장 먼저 하신 일부터 차례대로 빈칸에 번호를 써 보세요.

| ㉡ | → | ㉠ | → | ㉢ |

❷ 도연이 어머니께서 생일 파티를 준비하는 데 모두 며칠이 걸렸나요?

| 6 | 일

❸ 오늘이 6월 9일이라면 도연이 어머니는 언제부터 도연이 생일 파티를 준비하셨는지 구해 보세요.

| 6 | 월 | 3 | 일

순서대로 답을 거꾸로 구해요

| 월 | 일 |

1 동물원이 오전 9시에 개장하자마자 몇 명이 입장하고, 오전 11시에 179명이 더 입장하였어요. 오후 1시에는 268명이 빠져나가고 오후 4시에는 남아 있던 사람의 절반이 더 빠져나가 148명이 되었어요. 물음에 답하세요.

❶ 문제에서 알 수 있는 사실을 다음과 같이 정리했어요. 빈칸에 알맞은 수를 써 보세요.

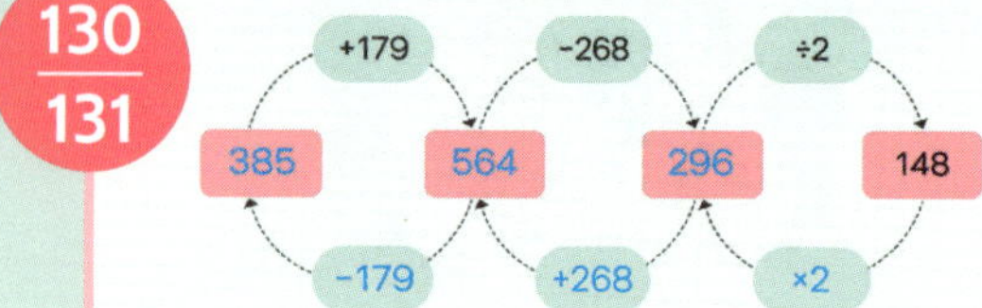

❷ 동물원이 오전 9시에 개장할 때 입장한 사람은 모두 몇 명인지 구해 보세요.

| 385 | 명

2 과자 공장에서 오전 6시에 과자를 굽기 시작했고, 오전 8시에는 6시에 구운 과자의 2배가 되었어요. 오전 10시에 8시에 세었던 과자의 2배가 되었고, 오전 11시에 123개가 더 구워져 623개가 되었어요. 물음에 답하세요.

❶ 문제에서 알 수 있는 사실을 다음과 같이 정리했어요. 빈칸에 알맞은 수를 써 보세요.

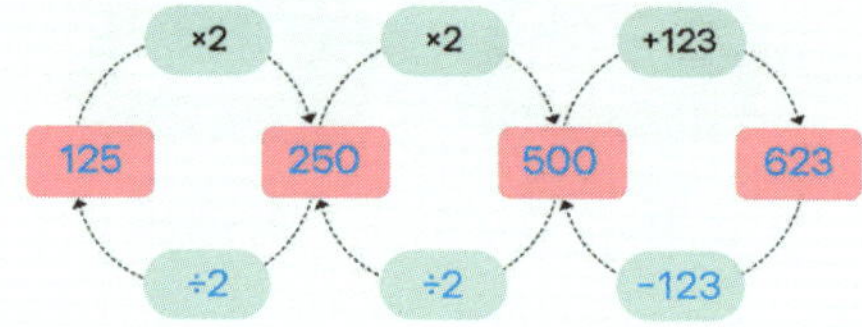

❷ 과자 공장에서 오전 6시에 만들어진 과자는 모두 몇 개인지 구해 보세요.

| 125 | 개

3 어머니께서 다음 레시피대로 잡채를 만들려고 합니다. 오후 6시 30분까지 잡채를 완성하려면 늦어도 몇 시 몇 분부터 요리를 시작해야 하는지 구해 보세요.

잡채 만들기

양파: 채썰어 볶기 7분

당근: 채썰어 볶기 7분

시금치: 데쳐서 양념하기 15분

소고기: 양념해서 볶기 8분

당면: 삶고 물기 빼기 10분

준비해 둔 목이버섯과 나머지 재료를 함께 넣어 볶아 줍니다. 8분

오후 [5] 시 [35] 분

4 키가 서로 다른 5명의 친구들이 옆으로 나란히 서 있어요. 맨 왼쪽부터 혜빈, 준서, 보람, 민호, 세린의 순서로 서 있다면 혜빈이의 키는 몇 cm인지 구해 보세요.

① 혜빈이는 준서보다 5cm 작습니다.

② 준서는 보람이보다 4cm 큽니다.

③ 보람이는 민호보다 2cm 작습니다.

④ 민호는 세린이보다 1cm 작습니다.

⑤ 세린이의 키는 144cm입니다.

[140] cm

132 / 133

1 선생님께서 운동회에 필요한 물건을 사기 위해 마트에 갔어요. 물음에 답하세요.

❶ 학생들에게 줄 간식으로 사탕을 샀어요. 사탕을 한 봉지에 5개씩 담아 23봉지를 만들고, 이어서 한 봉지에 7개씩 담아 19봉지를 만들었더니 사탕이 45개가 남았어요. 마트에서 사온 사탕은 모두 몇 개인지 구해 보세요.

[293] 개

❷ 사탕 봉지를 포장하기 위한 리본도 샀어요. 처음에 114cm 8mm를 사용하고, 나중에 79cm 7mm를 더 사용했어요. 남은 리본이 33cm 2mm일 때 선생님이 산 리본의 길이는 몇 cm 몇 mm인지 구해 보세요.

[227] cm

[7] mm

134 / 135

❸ 선생님은 마트에서 간식을 사는 데 5600원을 쓰고, 남은 돈의 절반으로 응원 도구를 샀어요. 마지막으로 리본을 사는데 2500원을 썼더니 1600원이 남았어요. 선생님이 처음에 갖고 있던 돈은 얼마인지 구해 보세요.

[13800] 원

memo